AKADEMIE DER LANDWIRTSCHAFTSWISSENSCHAFTEN
DER DEUTSCHEN DEMOKRATISCHEN REPUBLIK

ARCHIV FÜR PHYTOPATHOLOGIE UND PFLANZENSCHUTZ

AKADEMIE-VERLAG · BERLIN

BAND 16 · 1980

Das Archiv für Phytophathologie und Pflanzenschutz erscheint in 6 Heften je Jahr mit einem Bezugspreis von 15,– M je Heft (Sonderpreis für die DDR 5,– M).

Die innerhalb eines Jahres herausgegebenen Hefte bilden einen Band. Das letzte Heft eines Bandes enthält Inhalts-, Autoren- und Sachverzeichnis.

Von jeder Arbeit werden unentgeltlich 100 Sonderdrucke geliefert. Das Honorar beträgt 40,– M je Druckbogen einschließlich Abbildungen.

Verlag: Akademie-Verlag, 1080 Berlin, Leipziger Str. 3–4, Fernruf 2236221 und 2236229, Telex-Nr.: 114420.
Bank: Staatsbank der DDR, Berlin, Kto.-Nr. 6836-26-20712. Bestellnummer 1081/16

Veröffentlicht unter der Lizenznummer 1521 des Presseamtes beim Vorsitzenden des Ministerrates der Deutschen Demokratischen Republik.

Gesamtherstellung: VEB Druckerei „Thomas Müntzer", 5820 Bad Langensalza.

Bestellungen sind zu richten:

– in der Deutschen Demokratischen Republik
  an ein Postamt, eine Buchhandlung oder den Akademie-Verlag
– im Ausland
  für die Bundesrepublik Deutschland und Westberlin an die Auslieferungsstelle Kunst und Wissen, Erich Bieber, D-7000 Stuttgart 1, Wilhelmstraße 4–6.
  Für andere Länder an den Buchexport, Volkseigener Außenhandelsbetrieb der DDR, DDR-7010 Leipzig, Postschließfach 160 oder den Akademie-Verlag.

Autoren- und Inhaltsverzeichnis

Sachregister

Buchbesprechungen

ISSN 0323-5408

AKADEMIE DER LANDWIRTSCHAFTSWISSENSCHAFTEN
DER DEUTSCHEN DEMOKRATISCHEN REPUBLIK

ARCHIV
FÜR
PHYTOPATHOLOGIE
UND
PFLANZENSCHUTZ

AKADEMIE-VERLAG · BERLIN

HEFT 1 · 1980 · BAND 16

Arch. Phytopathol. u. Pflanzenschutz · Berlin 16 (1980) 1, S. 1—72

EVP 5,— M

31057

Inhalt

Содержание

Contents

Arch. Phytopathol. u. Pflanzenschutz, Berlin 16 (1980) 1, S. 1–11

Institut für Pflanzenschutzforschung Kleinmachnow
der Akademie der Landwirtschaftswissenschaften
der Deutschen Demokratischen Republik

HANS STACHEWICZ

Identifizierung von Pathotypen des Kartoffelkrebserregers — *Synchytrium endobioticum* (Schilb.) Perc. — mit Hilfe von Testsorten

Eingegangen: 6. 7. 1979

1. Einleitung

Der Kartoffelkrebserreger (*Synchytrium endobioticum* [Schilb.] Perc.) gewinnt durch das Auftreten zahlreicher Pathotypen für die industriemäßige Kartoffelproduktion zunehmend an Bedeutung. Auf dem Territorium der DDR sind einschließlich des Pathotyps D_1 bisher 7 verschiedene Krebspathotypen identifiziert worden (vergl. Tab. 1). Alle Krebspathotypenherde sind lokal begrenzt und unterliegen strengen Quarantänemaßnahmen unter Kontrolle des staatlichen Pflanzenschutzes.

Tabelle 1

Pathotypen des Kartoffelkrebserregers *Synchytrium endobioticum* (Schilb.) Perc. in der DDR

Pathotypen-bezeichnung	Jahr der Identifizierung	erster Fundort
D_1	1896	Gemisch von Krebsmaterial verschiedener Herkünfte, benutzt für die Verseuchung des Krebsprüffeldes
G_1	1941	Gießübel, Krs. Hildburghausen
P_1	1942	Pappenheim, Krs. Schmalkalden
R_1	1950	Rudolstadt, Krs. Rudolstadt
K_1	1951	Koppatz, Krs. Cottbus
E_1	1956	Eulendorf, Krs. Hainichen
T_1	1978	Trannroda, Krs. Pößneck

Beim Auftreten neuer Krebsherde ist die eindeutige Identifizierung der Krebspathotypen für die Durchführung gezielter Gegenmaßnahmen, wie z. B. für den Anbau resistenter Sorten, eine wichtige Voraussetzung. Da sich die Krebspathotypen morphologisch nicht voneinander unterscheiden, ist eine Differenzierung nur auf Grund typischer Resistenzreaktionen von Testsorten (Differentialsorten) möglich. Nachfolgend sollen die Versuchsmethoden zur Ermittlung der Resistenzreaktionen von ausgewählten Kartoffelsorten, das vorläufige Testsortiment und erste Ergebnisse über die Eignung des vorläufigen Testsortimentes für die Identifizierung von Krebspathotypen vorgestellt sowie die praktische Bedeutung der Identifizierung von Krebspathotypen diskutiert werden.

2. Material und Methoden

2.1. Ausgewählte Testsorten

Auf Grund von Literaturangaben über die Verwendung von Kartoffelsorten als Testsorten zur Identifizierung von Krebspathotypen (HEY, 1957, 1959, 1960; BRAUN, 1959; ULLRICH, 1958, 1959, 1960; ZADINA, 1963; WENZEL, 1966; MALEC, 1970, 1972; SALTYKOVA, 1975; POTOCEK, 1973, 1974, 1977; LANGERFELD, 1977; GOLIK, 1977; POTOCEK und KRIZ, 1978) wurden für eigene Versuche mit den Pathotypen der DDR die Sorten[1] 'Amsel', 'Ackersegen', 'Asche-Sämling', 'Baltyk', 'Blanik', 'Deodara', 'Fortuna', 'Giewont', 'Imandra', 'Jowicz', 'Karsa', 'Maja', 'Nova', 'Ora', 'Povirovec', 'Saphir', 'Sorka', 'Ultimus', 'Universal', 'Xenia' und 'Zeisig' ausgewählt.
Bestimmend für die Auswahl der Sorten waren im wesentlichen die folgenden Gesichtspunkte:

- Angaben über Resistenzeigenschaften gegenüber möglichst vielen Pathotypen,
- spezifische Sortenreaktionen gegenüber bestimmten Pathotypen,
- mögliche Eignung als Testsorten für ausländische Pathotypen,
- sichere Differenzierung aller Pathotypen der DDR,
- Klärung widersprüchlicher Angaben zum Resistenzverhalten einiger Sorten sowie Ermittlung der noch unbekannten Sortenreaktion gegenüber Pathotypen der DDR und der
- Ersatz älterer Testsorten durch neuere Züchtungen.

2.2. Methodik zur Ermittlung der Resistenzeigenschaften von Kartoffelsorten und zur Identifizierung von Krebspathotzpen

Ermittlung der Resistenzeigenschaften

Die Ermittlungen über das Resistenzverhalten von Kartoffeltestsorten erfolgen durch mehrjährige Labor- und Feldversuche. In die Untersuchungen sind auch jene Sorten einbezogen worden, die bereits als Testsorten für Pathotypen der DDR Verwendung fanden, da die Versuchsbedingungen und Bewertungskriterien von denen anderer Autoren abweichen.

Laborversuche

Die Laborversuche basieren auf dem modifizierten Lemmerzahlverfahren (LEMMERZAHL, 1930). Je Knolle wird eine Augenplatte von 2 × 2 cm Größe mit einem Keim von 1 bis 2 mm Länge herausgeschnitten und um das Auge ein Ring aus flüssiger Vaseline gezogen. Unmittelbar vor dem Auflegen einer 2 bis 4 Wochen alten Krebswucherung von 0,30 bis 1,00 g Masse wird innerhalb des Ringes Wasser aufgetropft. Die Einwirkzeit des Inokulums beträgt bei einer Temperatur von 15 bis 17 °C 24 h. Während der 18- bis 22tägigen Versuchsdauer lagern die inokulierten Augenplatten in Plasteschalen auf feuchtem Quarzsand bei 18 bis 22 °C und 95 bis 98% rel. Luftfeuchte. Je Sorte und Krebspathotyp werden 50 Augenplatten inokuliert und bis zur Auswertung unter vergleichbaren Bedingungen getrennt nach Krebspathotypen aufbewahrt.

[1] Die Kartoffelsorten wurden vom Institut für Kartoffelforschung Groß Lüsewitz der AdL der DDR bereitgestellt.

Tabelle 2
Beurteilung des Resistenzverhaltens von Kartoffelsorten gegenüber *Synchytrium endobioticum* (Schilb.) Perc.

Boniturmerkmal	Boniturnote	Resistenzverhalten
Deutliche Abwerreaktion (Nekrosen); höchstens 1 bis 5 Sori/Keim; keine Wucherungen und Dauersporangien	9	hoch resistent
deutliche Abwehrreaktion; max. 20 Sori/Keim; keine Wucherungen und Dauersporangien; keine Keimdeformation	7	resistent
Abwehrnekrosen erkennbar; Sori in kleineren bis größeren Flächen, keine Dauersporangien und Wucherungen, Sproß nicht oder leicht deformiert	5	schwach resistent (sog. Grenzsorte)
keine Abwehrnekrosen, Keim bis zur Hälfte mit Sori besetzt; Ausbildung von Wucherungen mit Dauersporangien oder einzelne Sporangien; Sproß meist mehr oder weniger deformiert	3	anfällig
keine Abwehrnekrosen; Keim ganz mit Sori besetzt; Ausbildung von Wucherungen mit Dauersporangien oder nur Dauersporangien	1	stark anfällig
keine Abwehrreaktion; keine Sori; keine Wucherungen und Dauersporangien, gesunde Keimentwicklung	–	ohne Infektion (o. I.)

Grundlage für die Beurteilung der Sortenreaktion bilden die in Tabelle 2 dargestellten Bewertungskriterien. Die mit dem Stereomikroskop ermittelten Boniturwerte werden tabellarisch erfaßt. Entscheidendes Kriterium für die Krebsanfälligkeit von Sorten ist in Übereinstimmung mit Hey (1959), Ullrich (1960), Fedotova und Jakovleva (1964) und Effmert (1973) das Vorhandensein von Abwehrreaktionen. Beim Fehlen dieser Resistenzreaktion und Vorhandensein von Sori und Dauersporangien liegt Krebsanfälligkeit vor. Dabei ist die Anzahl erkrankter Keime bzw. Häufigkeit und Größe der Wucherungen innerhalb einer Versuchsvariante belanglos. In die Bewertung geht stets das für den Wirt ungünstigste Befallsbild ein. Für die zusammenfassende Bewertung des Resistenzverhaltens einer Sorte kommen die Symbole „—" (resistent) und „+" (anfällig) zur Anwendung. Sorten mit den Boniturnoten 9, 7 und 5 werden als „resistent" eingestuft. Bei Vorkommen der Boniturnoten 3 und 1 liegt „Krebsanfälligkeit" vor. Sorten mit Boniturnote 5 (sog. „Grenzsorten") werden gesondert ausgewiesen.

Zur Erhärtung bzw. Sicherung der Laborergebnisse werden zusätzlich Feldversuche auf natürlich krebsverseuchten Standorten durchgeführt.

Feldversuche

Die Standorte der Versuchsfelder sowie Angaben über Temperaturen und Niederschlagsmengen im Versuchsfeldgebiet sind den Tabellen 1 und 3 zu entnehmen. Je Versuchsfeld kommen im Mai 25 gesunde Knollen pro Sorte zur Auspflanzung. Im September erfolgt die Rodung der Versuchsparzellen mit der Handhacke (Einzelpflanzenernte). Während der Ernte werden Kraut, Knollen und Stolonen auf Krebs-

Tabelle 3
Niederschlagsmengen und Temperaturen in den Versuchsgebieten (Mittelwerte der Jahre 1968 bis 1977)

Versuchsfeld	Pathotyp	Temperatur in °C		Niederschläge in mm	
		Mai bis September	Jahresmittel	Mai bis September	Jahresmittel
Kleinmachnow	D_1	16,0	8,8	269	531
Gießübel	G_1	13,2	6,3	389	882
Pappenheim	P_1	14,4	7,7	327	670
Koppatz	K_1	16,1	8,9	277	537
Teichel	R_1	14,0	7,6	263	573
Karl-Marx-Stadt	E_1	14,7	7,7	369	698
Trannroda*	T_1	14,7	8,1	291	587

* Befallsgebiet

wucherungen begutachtet. In Zweifelsfällen erfolgt eine Überprüfung mit dem Stereomikroskop. Bei Ausbleiben der Krankheitssymptome ist eine entsprechende Bewertung erst möglich, wenn an den anfälligen Kontrollsorten (z. B. 'Deodara') Krebs auftritt.

Identifizierung von Pathotypen

Bei Feststellung eines neuen Krebsherdes wird entsprechend der 18. Durchführungsbestimmung zum Gesetz zum Schutze der Kultur- und Nutzpflanzen (GBl Teil II, Nr. 70, 24. 06. 1964) innerhalb des Krebsherdes eine Testpflanzung mit einer für alle Pathotypen anfälligen Sorte (z. B. 'Deodara') sowie einer Sorte, die nur gegen Pathotyp D_1 resistent ist (z. B. 'Ackersegen') durchgeführt. Je Sorte kommen 100 Knollen zur Auspflanzung. Diese Testpflanzungen werden, wenn erforderlich, jährlich bis zum Auftreten von Krebswucherungen wiederholt. Erst nach Krebsbefall können die Untersuchungen zur Identifizierung der Pathotypen im Labor fortgesetzt werden. Der Feldtest gibt lediglich als eine Vororientierung über das Vorhandensein eines vom Pathotyp D_1 abweichenden Pathotypen Auskunft.
In der Regel handelt es sich um Pathotypen, die von D_1 abweichen, da seit dem obligatorischen Anbau D_1-resistenter Kartoffeln der Pathotyp D_1 nicht mehr aufgetreten ist. Nach ausreichender Vermehrung des aus den Feldversuchen stammenden Krebsmaterials kann die Identität der Krebspathotypen mit Hilfe des Kartoffeltestsortimentes im Laborverfahren — wie im Abschnitt Laborversuche beschrieben — bestimmt werden.
Parallel zu dieser kombinierten Feld/Labormethode kommen weitere Verfahren zur Gewinnung von Krebsmaterial, wie z. B. Topfversuche unter Gewächshausbedingungen mit Erde aus dem Befallsgebiet, zur Anwendung.

3. Ergebnisse

3.1. Resistenzverhalten ausgewählter Kartoffelsorten in Labor- und Feldversuchen

Im Rahmen der Krebsresistenzprüfung sind die unter Pkt. 2.1. genannten Sorten von 1976 bis 1978 unter Feldbedingungen sowie in den Lagerungsperioden 1977/78 und

1978/79 unter Laborbedingungen auf ihr Verhalten gegenüber den Krebspathotypen der DDR überprüft bzw. erstmals untersucht worden. Die bisher vorliegenden Ergebnisse der Labor- und Feldversuche werden zusammenfassend in Tabelle 4 dargestellt.

Tabelle 4
Resistenzverhalten von Kartoffelsorten gegenüber Krebspathotypen der DDR (Ergebnisse aus Labor- und Feldversuchen, Stand Mai 1979)

Sorte	Krebspathotypen						
	D_1	G_1	P_1	K_1	R_1	E_1	T_1*)
Ackersegen	–	+	+	+	+	+	+
Amsel	–	+	+	+	+	+	+
Asche-Sämling	+	+	(–)	–	+	+	+
Baltyk	–	+	+	+	+	+	+
Blanik	–	–	+	+	+	–	+
Deodora	+	+	+	+	+	+	+
Fortuna	(–)	–	–	–	(–)	+	+
Giewont	–	+	+	–	+	(–)	+
Imandra	–	–	–	–	–	–	–
Jowicz	–	–	–	–	–	–	+
Karsa	–	–	–	–	–	–	+
Maja	–	(–)	(–)	–	+	(+)	+
Nova	–	+	+	+	+	+	+
Ora	–	–	–	–	–	–	–
Povirovec	–	(–)	–	–	(–)	–	–
Saphir	–	+	–	–	–	–	–
Sorka	–	+	+	+	+	+	+
Ultimus	–	–	–	–	–	–	+
Universal	–	+	+	+	+	+	+
Xenia	–	–	(+)	+	(–)	(–)	+
Zeisig	–	–	–	–	–	–	+

Zeichenerklärung:
– kein Befall
\+ Befall
( ) Ergebnis noch nicht zu sichern
*) nur Laborergebnisse

Über das Resistenzverhalten der Sorte 'Ultimus' gegenüber den Pathotypen D_1 und G_1 gibt es in der Literatur sich widersprechende Angaben (Ullrich, 1958 und 1959; Müller, 1959; Hille, 1965; Malec, 1970; Potocek, 1977; Piticas und Hulea, 1977). Eigene Labor- und Feldergebnisse bestätigen in Übereinstimmung mit Hille (1965), Braun (1959) und Ullrich (1958, 1959) die D_1- und G_1-Resistenz der Sorte 'Ultimus'. Diese Sorte war in allen Versuchen nur gegen Pathotyp T_1 anfällig. Die Sorte 'Fortuna' ist, wie bereits von Hey (1959, 1960) sowie Ullrich (1959) im Gegensatz zu den Darstellungen von Müller (1959) und Potocek (1977) festgestellt wurde, resistent gegenüber Pathotyp G_1. Zur Klärung ihres Verhaltens gegenüber Pathotyp D_1 und R_1 sind weitere Versuche erforderlich.

Hervorzuheben ist die Reaktion der Sorte 'Universal' gegenüber G_1 sowie die der Sorten 'Baltyk' und 'Xenia' gegenüber P_1. Bei diesen Sorten kam es nach Inokulation mit den genannten Pathotypen unter Laborbedingungen zur Ausbildung von Krebswucherungen (Boniturnote 1).

Diese Ergebnisse stehen teilweise im Widerspruch zu den Angaben von HEY (1959), ULLRICH (1959), BRAUN (1959), HILLE (1965) und POTOCEK (1977) und können noch nicht in jedem Falle als endgültig betrachtet werden.

Während die G_1-Anfälligkeit der Sorte 'Universal' auf Grund der vorliegenden eigenen Ergebnisse als gesichert angesehen werden kann und durch Angaben in Versuchsprotokollen von GOTTSCHLING (unveröffentlicht), MÜLLER (1959) und ZADINA (1963) bestätigt wird, gibt es zur P_1-Anfälligkeit der Sorten 'Baltyk' und 'Xenia' bisher keine Literaturangaben mit ähnlichen Ergebnissen.

Die G_1- und P_1-Anfälligkeit der Sorten 'Universal' und 'Baltyk' konnte in allen Labor- und Feldversuchen nachgewiesen werden. Bei der Sorte 'Xenia' ist Krebsbefall dagegen bisher nur unter Laborbedingungen ermittelt worden.

Nach den vorliegenden Ergebnissen ist die Sorte 'Saphir' mit Ausnahme von Pathotyp G_1 gegen alle Pathotypen der DDR resistent.

Die erstmals in die Untersuchungen einbezogene Sorte 'Sorka' ist D_1-resistent und gegenüber allen anderen Pathotypen deutlich anfälliger als die Vergleichssorten 'Amsel' oder 'Ackersegen'.

Auf Grund neuer Versuchsergebnisse ist die Sorte 'Blanik' gegenüber Pathotyp T_1 und die Sorte 'Maja' gegenüber Pathotyp E_1 bei Boniturnoten von 1 und 3 als anfällig zu beurteilen (vergl. STACHEWICZ, 1978). Das Auftreten der Boniturnote 5 in einigen Versuchsserien mit diesen Sorten und Pathotypen zwingt zu weiteren Labor- und Feldversuchen. Zur Differenzierung von Pathotypen sind nur Sorten mit eindeutigen Resistenzreaktionen geeignet. HEY (1951) und MALEC (1974) schließen nicht aus, daß sogenannte Grenzsorten (Boniturnote 5 im Labortest) bei günstigen Infektionsbedingungen im Feldversuch Krebswucherungen ausbilden können.

Mit den vorliegenden Ergebnissen werden die Kenntnisse über das Resistenzverhalten der Sorten erweitert sowie erste Angaben zum Resistenzverhalten der Sorten 'Imandra', 'Maja', 'Nova', 'Povirovec', 'Saphir', 'Sorka' und 'Ultimus' gegenüber Pathotypen der DDR vorgelegt.

Parallel zu den Untersuchungen mit den bereits bekannten Pathotypen der DDR wurden alle ausgewählten Sorten auch zur Identifizierung des Krebserregers im neu entdeckten Krebsherd Trannroda eingesetzt. Nach positiven Feldversuchen auf dem Befallsschlag im Jahre 1977 erfolgte die Laborprüfung unter den angegebenen Bedingungen. Auf Grund der vergleichsweise zu anderen Pathotypen abweichenden Resistenzreaktionen der Testsorten kann unter Vorbehalt der geringen Anzahl von Laborversuchsserien geschlußfolgert werden, daß ein weiterer selbständiger Pathotyp (T_1) auf dem Territorium der DDR nachgewiesen worden ist (vergl. STACHEWICZ, 1978).

Das Resistenzverhalten der Sorten gegenüber Pathotyp T_1 ist gleichfalls Tabelle 4 zu entnehmen. Mit Ausnahme der Sorten 'Imandra', 'Ora', 'Povirovec' und 'Saphir' sind alle untersuchten Sorten unter Ausbildung von Wucherungen gegen diesen Pathotyp anfällig.

Obwohl alle Versuchsergebnisse und Angaben zum Sortenverhalten gegenüber den Krebspathotypen der DDR durch weitere Versuche gesichert werden müssen, kann auf der Grundlage bisheriger Erkenntnisse und unter Berücksichtigung des Pathotyp T_1 bereits ein vorläufiges Testsortiment zusammengestellt werden.

3.2. Vorläufiges Testsortiment zur Identifizierung von Krebspathotypen der DDR

Das vorläufige Testsortiment besteht in Anlehnung an HEY (1960) aus 4 Sortengruppen. Gruppe I umfaßt Sorten, die gegenüber allen bekannten Pathotypen anfällig sind. In Gruppe II werden nur Sorten mit Resistenz gegenüber Pathotyp D_1, aber Anfälligkeit gegen alle anderen Pathotypen aufgenommen. Gruppe III enthält Sorten mit unterschiedlichem Resistenzverhalten gegenüber allen Pathotypen. Gruppe IV werden solche Sorten zugeordnet, die gegen alle Pathotypen resistent sind.

Von den bisher untersuchten Sorten erscheinen für den Nachweis der Krebspathotypen der DDR die in Tabelle 5 aufgeführten Sorten am geeignetsten.

Tabelle 5
Vorläufiges Kartoffeltestsortiment zur Identifizierung von Krebspathotypen der DDR (Stand Mai 1979)

Gruppe	Testsorten	Krebspathotypen						
		D_1	K_1	P_1	G_1	R_1	E_1	T_1°)
I	Deodara	+	+	+	+	+	+	+
II	Sorka	–	+	+	+	+	+	+
III	Giewont	–	–	+	+	+	(–)	+
	Asche-Sämling	+	–	(–)	+	+	+	+
	Maja	–	–	(–)	(–)	+	(+)	+
	Fortuna	(–)	–	–	–	(–)	+	+
	Jowicz	–	–	–	–	–	–	+
	Saphir	–	–	–	+	–	–	–
	Blanik	–	+	+	–	+	–	+
IV	Ora	–	–	–	–	–	–	–

Zeichenerklärung:
– resistent
\+ anfällig
( ) Ergebnis noch nicht zu sichern
°) nur Laborergebnisse

4. Die praktische Bedeutung der Identifizierung von Krebspathotypen

Unter den Bedingungen der industriemäßigen Kartoffelproduktion, -lagerung und -aufbereitung gewinnt bei Auftreten von Kartoffelkrebs der Anbau krebsresistenter Sorten als effektivstes und umweltfreundlichstes Sanierungsverfahren in Kombination mit den gesetzlich geregelten Quarantänemaßnahmen zunehmend an Bedeutung.

Das Erkennen der typischen Krankheitssymptome (s. Abb. 1) an den Knollen, Stolonen und am Kraut wird durch den hohen Mechanisierungsgrad der Arbeitsprozesse erschwert, weil eine visuelle Begutachtung der Kartoffelpflanze während des Ernteprozesses nicht mehr möglich ist bzw. die Wucherungen zerstört oder vom Wirt getrennt werden. Die Lokalisierung kleinster Herde (Primärherde) wird zunehmend problematischer. Diese Fakten unterstreichen die Notwendigkeit der Bereitstellung einer ausreichenden Anzahl von Kartoffelsorten mit Resistenz gegen alle Pathotypen für großflächige Sanierungsmaßnahmen.

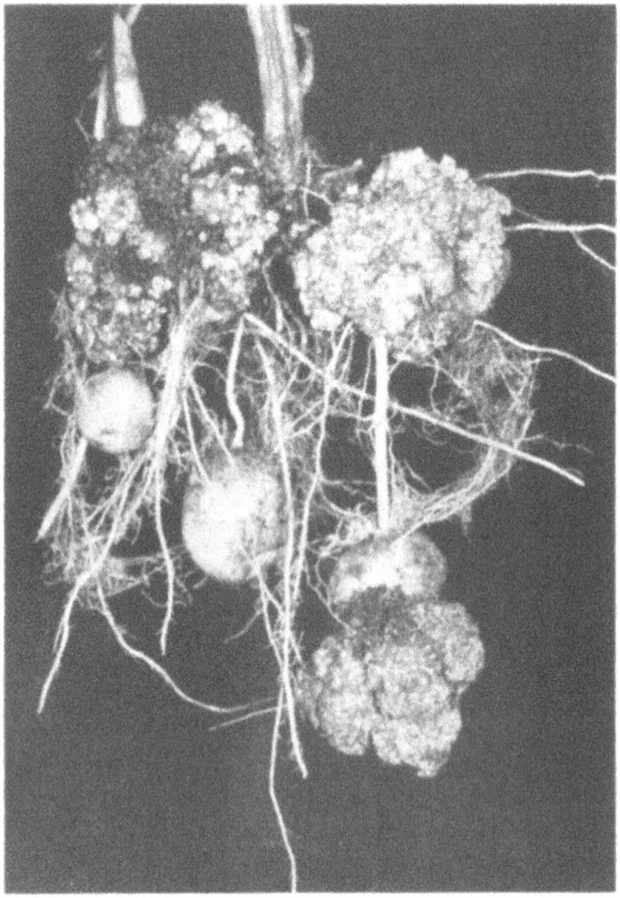

Abb.: Kartoffelpflanze mit Krebsbefall

Der obligatorische Anbau D_1-resistenter Sorten hat sich bereits zur Bekämpfung des am weitesten verbreiteten Krebspathotyps D_1 bewährt. Dieser Pathotyp, der in den zwanziger Jahren unseres Jahrhunderts den Kartoffelanbau in unseren Regionen ernsthaft gefährdete, ist heute in der DDR ohne praktische Bedeutung. Die gegenwärtig noch geringe Anzahl von Kartoffelsorten mit Resistenz gegen alle übrigen Pathotypen zwingt bei Ausweitung der Krebsherde zu einem gezielten Einsatz von Sorten mit spezifischer Resistenz gegen einen oder auch mehrere Pathotypen innerhalb des Sanierungsgebietes. Voraussetzung für die Auswahl der zur Sanierung geeigneten Sorten ist die genaue Kenntnis des Krebspathotypen im Verseuchungsgebiet und die Kenntnis über das Krebsresistenzverhalten der Sorte. Aus diesem Grunde muß bei Auftreten neuer Krebsherde der Krebspathotyp mittels eines Testsortimentes identifiziert werden. Handelt es sich um einen Pathotyp, der von den z. Z. bekannten Typen abweicht, so wird er mit in die Krebsresistenzprüfung einbezogen. Im Institut für Pflanzenschutzforschung Kleinmachnow der AdL der DDR werden im Rahmen der Krebsresistenzprüfung alle D_1-resistenten Kartoffelzuchtstämme auf ihr Verhalten gegenüber den anderen Krebspathotypen der DDR untersucht (vergl.

STACHEWICZ u. a., 1979). Auf diesem Wege werden die Voraussetzungen für eine gezielte Sortenauswahl zur Bekämpfung des jeweiligen Pathotypen innerhalb eines Sanierungsgebietes geschaffen.

5. Zusammenfassung

Zur Erarbeitung eines Testsortimentes zum Nachweis der Krebspathotypen der DDR wurden 21 Kartoffelsorten ausgewählt und unter Labor- und Feldbedingungen auf ihr Resistenzverhalten überprüft bzw. erstmals untersucht. Methoden der Labor- und Feldprüfung werden dargestellt.
Das vorläufige Testsortiment setzt sich aus den Sorten 'Deodara', 'Sorka', 'Giewont', 'Asche-Sämling', 'Maja', 'Fortuna', 'Jowicz', 'Saphir', 'Blanik' und 'Ora' zusammen.
Abschließend wird die praktische Bedeutung des Testsortimentes als Voraussetzung für die erfolgreiche Bekämpfung von Krebspathotypen mittels krebsresistenter Kartoffelsorten dargelegt.

Резюме

Название работы: Идентификация патотипов возбудителя рака картофеля *Synchytrium endobioticum* (Schilb.) Perc. с помощью тест-сортов
С целью составления тест-сортимента для идентификации патотипов рака в ГДР отбирали 21 сорт картофеля и испытывали ичи впервые изучали их устойчивость в лабораторных и полевых условиях. Описываются методы испытания в лабораторных и полевых условиях. Предварительный тест-сортимент состоит из следующих сортов: 'Deodara' , 'Sorka', 'Giewont', 'Asche-Sämling',, 'Maja', 'Fortuna', 'Saphir', 'Ora'. В заключение обсуждается практическое значение тест-сортимента для успешной борьбы с патотипами рака при помощи устойчивых к раку сортов картофеля.

Summary

Title of the paper: Using test cultivars to identify pathotypes of the potato wart pathogen — *Synchytrium endobioticum* (Schilb.) Perc.
With a view to compiling a collection of test plants suitable for identifying the potato wart pathogen types occurring in the GDR, 21 potato cultivars were chosen and either checked or subjected to preliminary testing, in the laboratory and under field conditions, for their resistance behaviour. Methods of laboratory and field testing are described.
The preliminary test collection includes the following cultivars: 'Deodara', 'Sorka', 'Giewont', 'Asche-Sämling', 'Maja', 'Fortuna', 'Saphir', and 'Ora'.
Finally, an outline is given of the practical importance of the test collection as a prerequisite for successfully controlling wart pathotypes by means of wart-resistant potato cultivars.

Literatur

BRAUN, H.: Die biologische Spezialisierung von *Synchytrium endobioticum*. SCAZV Rostlinna vyroba 5 (1959), S. 121—130

EFFMERT, M.: Die Methodik der Labor-Resistenzprüfung gegenüber dem Erreger des Kartoffelkrebses (*Synchytrium endobioticum* [Schilb.] Perc.): Der Einfluß prädispositioneller Faktoren auf die Wirt/Pathogenbeziehung. Berlin AdL., Diss. 1973,1065.

FEDOTOVA, T. J.; JAKOVLEVA, V. I.: Charakteristika biotipov vozbuditelja raka kartofelja v gorno-karpatskoj zone SSSR. In: Rak kartofelja i mery borby s nim. Leningrad 1964, 164 S.

GOLIK, I. V.: Immunochimičeskaja razlicnuch po ustojčivosti k raku sortov kartofelja. Bjull. Wsec. nauč.-issled. Instituta Zas. Rast. Nr. 40 (1977), S. 52–54

HEY, A: Untersuchungen über die Anfälligkeit von Kartoffelsorten gegen den Krebsbiotyp G. Nachrichtenbl. Dt. Pflanzenschutzd. NF 5 (1951), S. 226–231

HEY, A.: Zur Rassenanalyse des Kartoffelkrebses (*Synchytrium endobioticum* [Schilb.] Perc.). Z. Pflanzenkrankh. 64 (1957), S. 452–457

HEY, A.: Die Kartoffelkrebsforschung in der Deutschen Demokratischen Republik und ihre praktische Auswertung. SCAZV Rostlinna vyroba 5 (1959), S. 59–68

HEY, A.: Untersuchungen zur Biologie, Verbreitung und Rassengliederung des Kartoffelkrebses (*Synchytrium endobioticum* [Schilb.] Perc.). F/E-Abschlußbericht Institut für Pflanzenschutzforschung Kleinmachnow der AdL (1960), 26 S.

HILLE, M.: Die Beurteilung der Kartoffelsorten hinsichtlich ihres Verhaltens gegenüber *Synchytrium endobioticum* (Schilb.) Perc., dem Erreger des Kartoffelkrebses. Nachrichtenbl. Pflanzenschutzd. (Braunschweig) 17 (1965), S. 137–142

LEMMERZAHL, J.: Beiträge zur Bekämpfung des Kartoffelkrebses. Phytopathol. Z. 2 (1930), S. 257–320

LANGERFELD, E.: Reaction of races in laboratory tests compared with race 1, and selection of a series of differential varieties. In: First Report of the Working Party on Potato Wart Disease. (Paris, 15.–16. 03. 1977), EPPO-Publications, Ser. C, Nr. 50, April 1977

MALEC, K.: Problem biotypow grzyba *Synchytrium endobioticum* (Schilb.) Perc., sprawcy raka ziemiaczanego. Biul. Instytutu Ziemniaka Nr. 6 (1970), S. 83–101

MALEC, K.: Zmiany w metodyce badania rakoodpornosci materialow hodowlanych ziemniaka. Biul. Institutu Ziemniaka Nr. 10 (1972), S. 5–10

MALEC, K.: Z badan nad powstawaniem nowych bardziej wirulentnych biotypow grzyba *Synchytrium endobioticum* (Schilb.) Perc. Biul. Institut Ziemniaka Nr. 14 (1974), S. 131–135

MÜLLER, W. A.: Beitrag zur Methodik der Krebsresistenzprüfung bei Kartoffeln. Rostock, 1959, Diss. Univ.

PITICAS, G.; HULEA, A.: Cercetari privind specializarea fiziologica a ciupercii *Synchytrium endobioticum* (Schilb.) Perc. in Romania. An. I.C.P.P., XIII (1977), S. 61–68

POTOCEK, J.: Zjistenia klasifikace nowych ras rakoviny brambor *Synchytrium endobioticum* (Schilb.) Perc. v CSSR. Ochr. rostl. (Praha) 9 (1973), S. 235–246

POTOCEK, J.: Studium moznosti existence odlinsnych ras rakoviny brambor *Synchytrium endobioticum* (Schilb.) Perc. v ruznych oblastech CSSR. Ochr. rostl. (Praha) 10 (1974), S. 81–90

POTOCEK, J.: Results of a study of *Synchytrium endobioticum* (Schilb.) Perc. races in Czechoslovakia. First Report of a Working Party on Potato Wart Disease (Paris, 15.–16. 03. 1977), EPPO-Publ. Ser. C. Nr. 50, (1977), S. 29–54

POTOCEK, J.; KRIZ, M.: Rasy *Synchytrium endobioticum* (Schilb.) Perc. v CSSR. Ochr. rostl. (Praha) 14 (1978), S. 249–258

SOLTYKOVA, L. P.: Canker resistence in potatoes and new aspects of the selection-genetic method. VIII. International Congress of Plant Protection, Vol. III. Moskau 1975, S. 203–208

STACHEWICZ, H.: Nachweis eines neuen Biotyps des Kartoffelkrebserregers *Synchytrium endobioticum* (Schilb.) Perc. in der DDR. Nachrichtenbl. Pflanzenschutz DDR 32 (1978), S. 215

STACHEWICZ, H.; BURTH, U.; EITERNICK, G.; EFFMERT, M.; DEMNY, L.; BALLHAUSEN, S.: Die Prüfung der Kartoffelzuchtstämme auf Resistenz gegen den Erreger des Kartoffelkrebses (*Synchytrium endobioticum* [Schilb.] Perc.) in der Deutschen Demokratischen Republik. Nachrichtenbl. Pflanzenschutz DDR 33 (1979), S. 170–173

ULLRICH, J.: Die physiologische Spezialisierung von *Synchytrium endobioticum* (Schilb.) Perc. in der Bundesrepublik. Phytopathol. Z. 31 (1958), S. 273–278

ULLRICH, J.: Die physiologische Spezialisierung von *Synchytrium endobioticum* (Schilb.) Perc. in der Bundesrepublik. SCAZV Rostlinna vyroba 5 (1959), S. 111–116

ULLRICH, J.: Untersuchungen zur Beurteilung der Resistenz von Kartoffelsorten gegenüber *Synchytrium endobioticum* (Schilb.) Perc. Phytopathol. Z. 37 (1960), S. 217–235

WENZEL, H.: Das Verhalten der Kartoffelsorten gegen Rassen des Kartoffelkrebses *Synchytrium endobioticum* (Schilb.) Perc., eine Literaturstudie. Pflanzenschutzberichte Wien 34 (1966), S. 97–112

ZADINA, J.: Problematik der Resistenzzüchtung von Kartoffeln gegen den Biotyp G_1 (Rasse 2) des Kartoffelkrebses (*Synchytrium endobioticum*). Nachrichtenbl. Pflanzenschutzd. (Braunschweig) 15 (1963), S. 20–25

Anschrift des Verfassers:

Dr. H. STACHEWICZ

Institut für Pflanzenschutzforschung Kleinmachnow
der AdL der DDR

1532 Kleinmachnow
Stahnsdorfer Damm 81

Arch. Phytopathol. u. Pflanzenschutz, Berlin 16 (1980) 1, S. 13–27

Institut für Kartoffelforschung Groß Lüsewitz und
Institut für Pflanzenzüchtung Gülzow-Güstrow
der Akademie der Landwirtschaftswissenschaften der
Deutschen Demokratischen Republik

HELMUT STELTER, KARL-HERMANN ENGEL und ALBRECHT RAEUBER

Befall-Schaden-Relation des Kartoffelnematoden *Globodera rostochiensis*, Pathotyp 1

Eingegangen: 22. 6. 1979

1. Zielstellung

Der Pathotyp 1 des Kartoffelnematoden ist in den kartoffelbauenden Ländern Mitteleuropas am weitesten verbreitet. Er wird in der Regel für die Nematodenschäden, die an Kartoffeln verursacht werden, verantwortlich gemacht. Die jährlichen Schäden werden in Schweden auf 10 Mio. Kronen (VIDEGÅRD, 1966) und in England auf 2 Mio. Pfund geschätzt (THOMPSON, 1959).

Es gibt eine Reihe von Arbeiten, die sich mit dem Zusammenhang zwischen Verseuchungsdichte und Schaden beim Kartoffelnematoden auseinandersetzen (STELTER und RAEUBER, 1968; BROWN, 1961, 1969; SEINHORST und DEN OUDEN, 1971; BUMBULUCŹ und ØYDVIN, 1976; BEHRINGER und FÜRST, 1978). Die Angaben weichen z. T. erheblich voneinander ab und sind schwer vergleichbar, weil verschiedene Maßstäbe verwendet werden.

In jahrelanger Arbeit wurden von STELTER z. T. in Zusammenarbeit mit Pflanzenschutzämtern und im Institut für Kartoffelforschung Groß Lüsewitz Untersuchungen über die Befall-Schaden-Relation für den Kartoffelnematoden in Parzellenversuchen und Produktionsexperimenten durchgeführt. Dieses Material haben wir nach 4 Gesichtspunkten aufbereitet:

1. Wie lautet die Befall-Schaden-Relation für den Kartoffelnematoden im Mittel über verschiedene Sorten und Jahre?
2. Unterscheiden sich Sorten verschiedener Reifegruppen in der Befall-Schaden-Relation?
3. Weisen nematodenanfällige und nematodenresistente Sorten die gleiche Befall-Schaden-Relation auf?
4. Wird die Befall-Schaden-Relation durch die Witterung beeinflußt?

2. Lösungsweg

Da der Zeitparameter, bedingt durch die geringe Variation der Pflanztermine der Kartoffel, unwesentlich ist, bietet sich die einfache Regressionsanalyse für die Lösung dieser Fragen an. Mit der Angabe des Vorhersageintervalls gestattet sie gleichzeitig einzuschätzen, mit welcher Wahrscheinlichkeit bei einer definierten Verseuchungsdichte mit Kartoffelnematoden zu Beginn der Vegetationsperiode (VDA) entsprechende Ertragsverluste geschätzt werden können.

Tabelle 1

Übersicht über die Regressionsanalysen Marktwareertrag an Kartoffeln in Ab- witz in den Jahren 1964 bis 1975

Klasse	Reife-gruppe	Wirts-typ	Sorte	Wertsätze in den Jahren 64	66	67	68	69	70	71	72
1	früh	anfällig	Auriga	—	5	1	—	2	2	—	3
			Ada	—	—	7	4	4	1	2	—
2	spät	anfällig	Gerlinde	6	10	17	11	11	10	10	19
			Ora	—	—	—	—	—	—	—	—
3	mittelspät	anfällig	Libelle	—	—	—	—	—	—	—	—
			Mariella	—	—	—	—	—	—	—	—
4	spät	resistent	Tunika	—	14	8	16	—	6	4	—
			Xenia	—	—	—	—	—	—	—	—
0 (1 ... 4)	früh...spät	anfällig/ resistent	8 Sorten	6	29	33	31	17	19	16	22

Tabelle 2

Übersicht über die Regressionsanalysen Marktwareertrag an Kartoffeln in Ab- Schwerin, Neubrandenburg, Magdeburg in den Jahren 1969 bis 1974

Klasse	Reife-gruppe	Wirts-typ	Sorte	Zweedorf 74 1	Schulenberg 74 2	Schlieben 74 3	Ganzin 73 4	Seehausen 72 5	Wesenberg 70 6	Jabel 70 7	Wasdow 69 8
2	früh	anfällig	Astilla		+						
5	mittelspät	anfällig	Apollo					+			
8	mittelspät	anfällig	Apollo								+
10	spät	anfällig	Ora								
7	spät	anfällig								+	
6	spät	anfällig							+		
1	früh	resistent	Hydra	+							
3	mittelspät	resistent	We. Stamm			+					
4	spät	resistent	Kardia				+				
11	ms/s	resistent	(3 + 4)			+	+				
12	s	anfällig	(7 + 10)							+	
0	fr.-sp.	anfällig bis resistent	6 Sorten		+	+	+			+	+

Aus Untersuchungen von STELTER und VOGEL (1961) ist bekannt, daß bei Nematodenbefall der Anteil an kleinen Knollen steigt und damit der Marktwareertrag stärker beeinflußt wird als die Roherträge. Wir haben deshalb nur Ergebnisse verwendet, in denen Marktwaren (Menge an Knollen $\geqq 3{,}5$ cm ∅) festgestellt worden sind. Die VDA wurden an Bodenproben ermittelt und in Larven pro 100 cm^3 Boden angegeben.

hängigkeit von der Nematodenverseuchung auf dem Nematodenversuchsfeld Groß Lüse-

73	74	75	n		Schwankungsbreite der VDA	r	B	a	b_{yx}	k
—	—	—	13	31	130 ... 28080	$-0{,}898^{+++}$	0,806	694,487	−158,618	33
—	—	—	18							
—	—	—	94	124	20 ... 98000	$-0{,}810^{+++}$	0,656	667,999	−110,940	21
14	8	8	30							
—	6	6	12	16	140 ... 22380	−0,621	0,386	637,709	−107,702	22
—	2	2	4							
9	—	—	57	78	30 ... 40300	−0,357	0,127	419,384	−37,573	10
—	11	10	21							
23	27	26		249	20 ... 98000	−0,656	0,430	607,985	−99,298	21

hängigkeit von der Nematodenverseuchung auf Praxisschlägen der Bezirke Rostock,

9 Rossow 69	10 Denso 69	11 Putlitz 73	n	Schwankungsbreite der VDA	r	B	a	b_{yx}	k
keine Marktware	+	keine Marktware	25	1 ... 8786	$-0{,}719^{+++}$	0,517	298,389	−46,378	20
			28	80 ... 10610	$-0{,}875^{+++}$	0,765	582,884	−138,116	35
			30	1 ... 3160	$-0{,}653^{+++}$	0,426	357,069	−50,958	18
			27	1 ... 5639	$-0{,}864^{+++}$	0,747	215,836	−40,657	25
			30	1 ... 7000	$-0{,}752^{+++}$	0,565	241,073	−41,308	22
			30	40 ... 4370	0,144	0,021	97,319	3,929	
			30	1 ... 3670	−0,074	0,005	228,943	−2,207	
			30	20 ... 2440	$-0{,}444^{+}$	0,197	289,306	−28,971	12
			24	1 ... 23870	$-0{,}507^{+}$	0,257	276,488	−31,385	13
	+		54	1 ... 23870	−0,518	0,268	291,489	−32,96	13
			57	1 ... 7000	−0,795	0,632	234,670	−43,65	25
	+		166	1 ... 23870	−0,533	0,284	272,557	−36,286	16

Für die Regressionsanalysen logarithmierten wir die Larven-Werte, weil dann ein linearer Ansatz

$$\hat{y} = a + bx \qquad (y = \text{Marktware in dt/ha},\ x = \lg \text{VDA})$$

ausreicht (STELTER und RAEUBER, 1968).

Aus Parzellenversuchen auf dem Nematoden-Versuchsfeld Groß Lüsewitz standen 249 Wertesätze, die sich auf 8 Sorten über 11 Jahre verteilten, zur Verfügung (Tab. 1). Außerdem waren in den Jahren 1969 bis 1974 in Zusammenarbeit mit den Pflanzenschutzämtern der Bezirke Rostock, Schwerin, Neubrandenburg, Potsdam und Magdeburg Produktionsexperimente durchgeführt worden, von denen wir 9 mit 254 Wertesätzen in die Auswertung einbezogen (Tab. 2). Die Regressionsanalysen wurden auf der EDVA C 8205 gerechnet. Konfidenz- und Vorhersageintervall bestimmten wir nach RASCH u. a. (1973). Die Witterungsdaten stammen von der Meteorologischen Station Groß Lüsewitz.

3. Ergebnisse

3.1. Befall-Schaden-Funktion

In Abbildung 1 sind die 249 Wertesätze von 8 Sorten in 11 Jahren in einer Regressionsanalyse zusammengefaßt dargestellt. Fast die Hälfte der Ertragsschwankungen können mit der Einflußgröße VDA unabhängig von Reifegruppe und Wirtsreaktion erklärt werden. Die Regression geht von einem hohen Ertragsniveau aus, wenn man bedenkt, daß keine Beregnung erfolgte. Dieses Niveau von 475 dt/ha, das aus der Regression für VDA = 20 geschätzt wurde, ist in benachbarten Kontrollparzellen ohne Nematodenverseuchung auch tatsächlich erreicht worden.
Während das Konfidenzintervall verhältnismäßig schmal, die Regression also relativ genau ist, kann man den Marktwareertrag aufgrund einer bestimmten Nematodenverseuchung (VDA) nur sehr ungenau vorhersagen. Mit großer Wahrscheinlichkeit kann aber angenommen werden, daß der Marktwareertrag unter sonst vergleichbaren

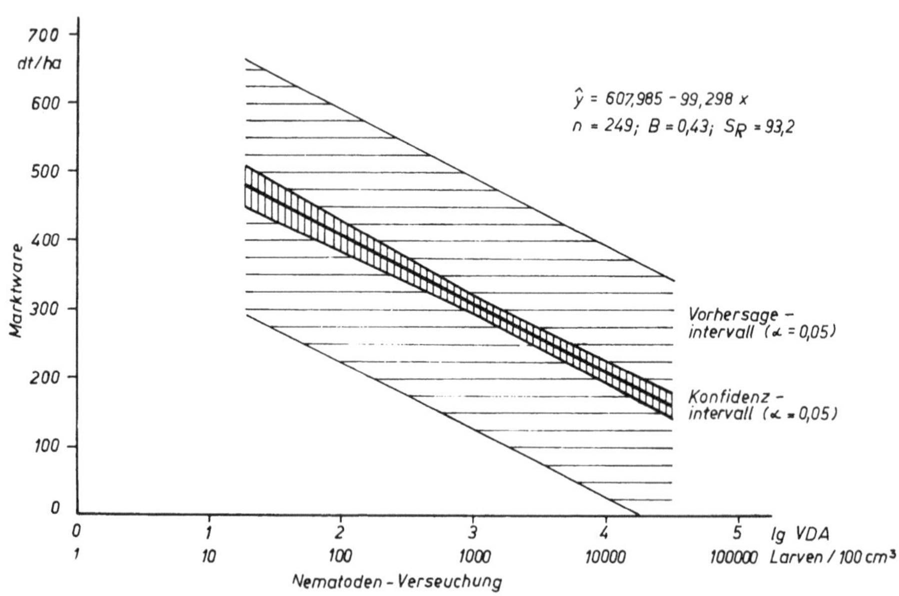

Abb. 1: Befall-Schaden-Funktion von *Globodera rostochiensis*, Pathotyp 1 (Nematodenversuchsfeld Groß Lüsewitz)

Bedingungen um etwa 21% zurückgehen wird, wenn die VDA der Anbaufläche um eine Zehnerpotenz steigt (Tab. 3).

Tabelle 3
Vergleich der relativen Verluste an Marktwareerträgen durch Nematodenbefall auf dem Nematodenversuchsfeld Groß Lüsewitz und auf Praxisschlägen der Bezirke Rostock, Schwerin, Neubrandenburg und Magdeburg

Nematodenverseuchung VDA in Larven/100 cm³	Ertragsverluste an Marktware in Prozent (VM%)	
	Versuchsfeld	Praxis
20	0	0
100	14	11
1 000	35	27
10 000	56	43
k	21	16

Unter den Bedingungen der landwirtschaftlichen Großproduktion zeichnet sich ein ähnliches Bild ab. Die Regressionsgleichung liegt im Vergleich zu den Parzellenversuchen auf einem wesentlich niedrigeren Niveau von 224 dt/ha für VDA = 20 (Abb. 2). Da die Bestimmtheit unabhängig von Reifegruppe und Wirtsreaktion nur 28% der Ertragsschwankungen als durch Nematodenbefall verursacht ausweist, sind Konfi-

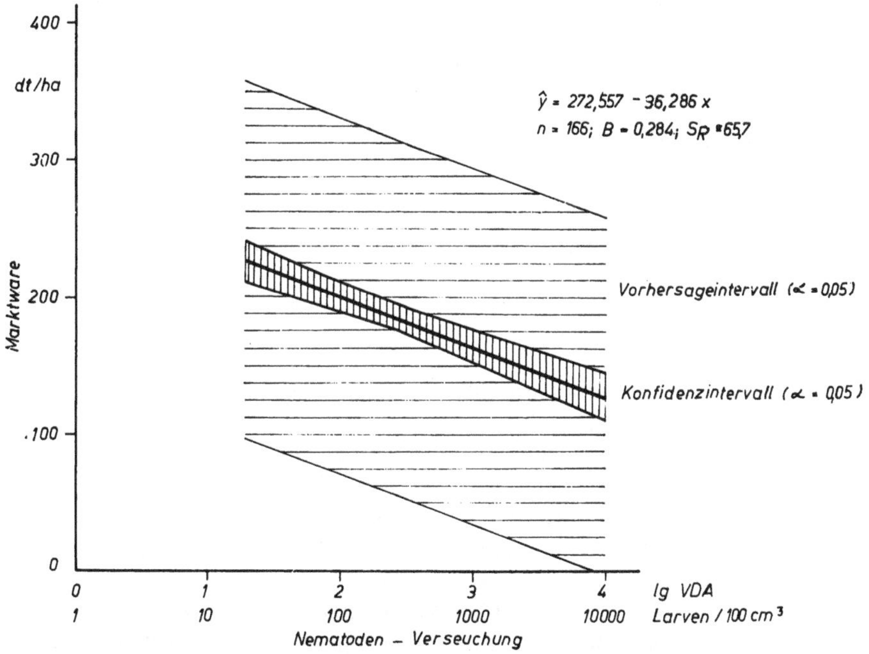

Abb. 2: Befall-Schaden-Funktion von *Globodera rostochiensis*, Pathotyp 1 (Praxisschläge in den Bezirken Rostock, Schwerin, Neubrandenburg, Magdeburg)

denz- und Vorhersageintervall breit. Die Marktwareerträge fielen um 16%, wenn die Nematodenverseuchung um eine Zehnerpotenz zunahm (Tab. 3). Das ist eine befriedigende Übereinstimmung der Verlustraten zwischen Versuchsparzellen und Produktionsexperimenten, besonders wenn berücksichtigt wird, daß unter Praxisbedingungen nur gut ein Viertel der Ertragsänderungen durch Nematodenverseuchungen bedingt waren.

Die Ertragsverluste an Marktware in Prozent (VM%) lassen sich in folgender allgemeiner Funktion ausdrücken

$$\text{VM\%} = k \cdot \lg \frac{\text{VDA}}{10} - 1/3k. \qquad (1)$$

Dabei bedeutet 'k' die Verlustrate an Marktware in Prozent, die sich aus

$$k = \frac{b}{a - \frac{4}{3}b} \cdot 100$$

berechnet, wobei a und b die Parameter der linearen Regression sind. Es wird eine Verseuchungsdichte (VDA) von 20 Larven/100 cm^3 zum Bezugspunkt der Verlustberechnungen genommen. Damit gingen wir unzulässigen Extrapolationen und dem nicht geklärten Verlauf der Befall-Schaden-Funktion bei Verseuchungsdichten unter 20 Larven/100 cm^3 Boden aus dem Wege.

Die dargestellten Befall-Schaden-Funktionen stützen sich auf Mittel über anfällige und resistente Sorten verschiedener Reifezeiten, Jahre und Orte mit ihren speziellen, z. T. sehr verschiedenen Bedingungen. Berücksichtigt man die Ergebnisse des Versuchsfeldes und der Produktionsexperimente gemeinsam, so kann als durchschnittliche Verlustrate an Marktware pro Zehnerpotenz VDA für grobe Kalkulationen $k = 20$ unterstellt werden. Dann gilt

$$\text{VM\% (allgemein)} = 20 \lg \frac{\text{VDA}}{10} - 7\,. \qquad (2)$$

Für genauere Schätzungen der sortenspezifischen Befall-Schaden-Funktionen sind die Wirtsreaktionen und Reifezeiten der Sorten zu berücksichtigen.

3.2. Spezielle Einflußgrößen

3.2.1. Reifegruppen

Die Unterschiede nematodenanfälliger Kartoffelsorten (Wirtspflanzen vom Typ 'S-Wirt' nach ENGEL u. a., 1973) in ihrer Reaktion auf Nematodenbefall konnten im wesentlichen auf verschiedene Entwicklungsabläufe reduziert werden, wie sie sich in der Zuordnung zu den Reifegruppen widerspiegeln. Frühreifende, anfällige Formen leiden z. B. sehr viel mehr unter Nematodenbefall als spätreifende, anfällige Kartoffelsorten (STELTER und MEINL, 1962). Die spätreifenden Sorten können bei genügend langer Vegetationszeit die Schäden teilweise kompensieren, weil sie nach Abschluß der Nematodenentwicklung ihr 6 bis 8 Wochen lang gestörtes Wachstum fast normal fortsetzen (ENGEL und DRABSCH, 1971; MEINL und STELTER, 1971). Lassen sich derartige Unterschiede zwischen den Reifegruppen anfälliger Sorten auch an dem zur Verfügung stehenden Material nachweisen?

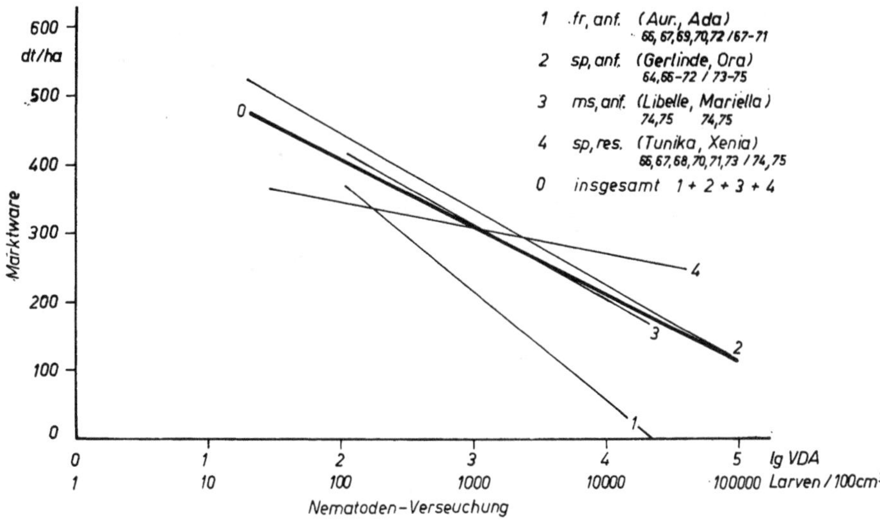

Abb. 3: Marktwareertrag an Kartoffeln in Abhängigkeit von der Verseuchung mit *Globodera rostochiensis*, Pathotyp 1, auf dem Nematodenversuchsfeld Groß Lüsewitz in den Jahren 1964 ... 1975. (Regressionen nach Klassen getrennt)

Um genügend Wertesätze für die Auswertung vom Nematoden-Versuchsfeld zu gewinnen, haben wir die 6 untersuchten, nematodenanfälligen Sorten zu 3 Klassen zusammengefaßt:

Klasse 1: früh und anfällig; 'Auriga', 'Ada'

Klasse 2: spät und anfällig; 'Gerlinde', 'Ora'

Klasse 3: mittelspät und anfällig; 'Libelle', 'Mariella'.

Die Ergebnisse der nach Klassen getrennten Regressionsanalysen sind in Tabelle 1 und Abbildung 3 dargestellt. In allen 3 Klassen liegen die Marktwareerträge bei Befallsfreiheit in der gleichen Größenordnung. Im Regressionskoeffizienten *b* zeigen die späten und mittelspäten Sorten (Klassen 2 und 3) Übereinstimmung; die frühen Sorten (Klasse 1) weichen gesichert von den späten und mittelspäten Sorten ab.
Während bei den Sorten der späten und mittelspäten Reifegruppe die Marktwareerträge je Zehnerpotenz VDA um 21% sinken, fallen sie bei den Sorten der frühen Reifegruppe deutlich stärker, nämlich um 33%. Frühreifende und spätreifende nematodenanfällige Kartoffelsorten weisen also eine gesichert verschiedene Befall-Schaden-Funktion auf. Sie werden deshalb in den Abbildungen 5 und 6 mit ihren Konfidenz- und Vorhersageintervallen gesondert ausgewiesen.
Die Gleichungen für die relativen Ertragsverluste an Marktware unter Versuchsfeldbedingungen lauten

$$\text{VM\%}\ (\text{früh, anfällig}) = 33 \lg \frac{\text{VDA}}{10} - 11 \quad \text{und} \tag{3}$$

$$\text{VM\%}\ (\text{spät, anfällig}) = 21 \lg \frac{\text{VDA}}{10} - 7\,. \tag{4}$$

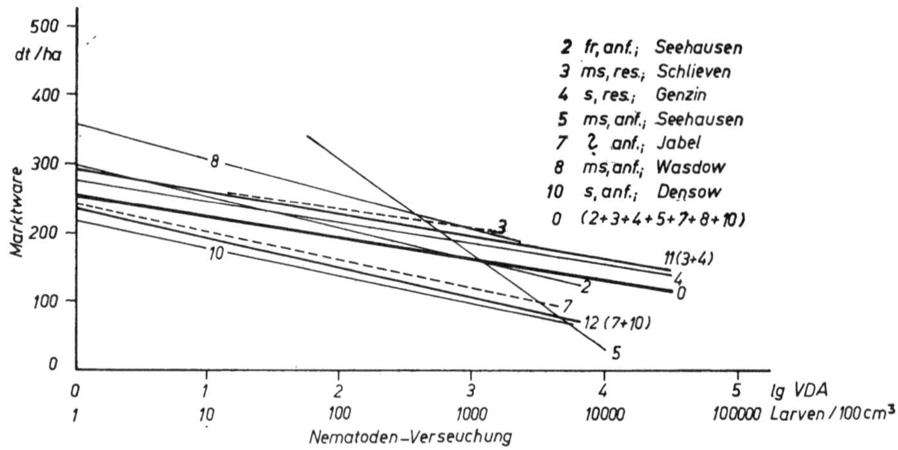

Abb. 4: Marktwareertrag an Kartoffeln in Abhängigkeit von der Verseuchung mit *Globodera rostochiensis*, Pathotyp 1, auf Praxisschlägen in den Bezirken Rostock, Schwerin, Neubrandenburg und Magdeburg 1969 ... 74

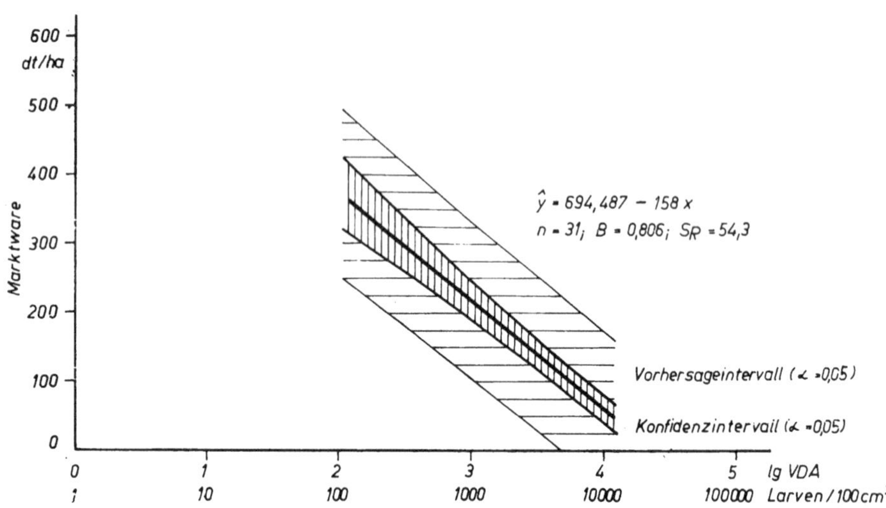

Abb. 5: Marktwareertrag an Kartoffeln in Abhängigkeit von der Verseuchung mit *Globodera rostochiensis*, Pathotyp 1, auf dem Nematodenversuchsfeld Groß Lüsewitz der frühreifen anfälligen Sorten 'Auriga' und 'Ada'

Unter den Bedingungen von Praxisschlägen konnten trotz guter Bestimmtheiten keine gesicherten Unterschiede in den Regressionskoeffizienten b zwischen Sorten verschiedener Reifegruppen nachgewiesen werden (Tab. 2 und Abb. 4; vergleiche 2 zu 12). Die Verlustrate für die Reifegruppe später, anfälliger Sorten korrespondierte mit derjenigen unter Versuchsfeldbedingungen.

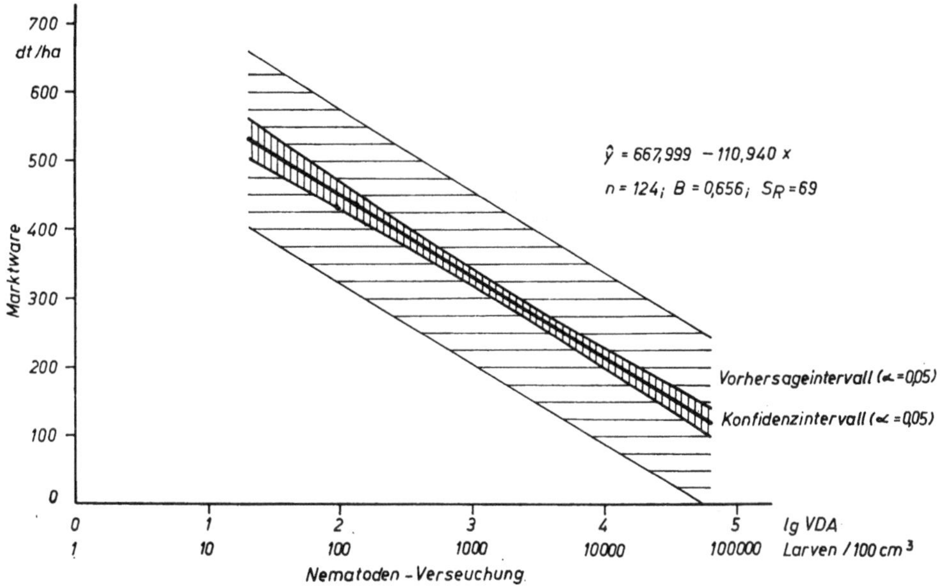

Abb. 6: Marktwareertrag an Kartoffeln in Abhängigkeit von der Verseuchung mit *Globodera rostochiensis*, Pathotyp 1, auf dem Nematodenversuchsfeld Groß Lüsewitz der spätreifen anfälligen Sorten 'Gerlinde' und 'Ora'

3.2.2. Wirtsreaktion

Bei Kartoffeln kommt es im Sinne der Definition von Wirtspflanzen in jedem Falle zu einer Wechselwirkung zwischen Wirt und Nematode (ENGEL u. a., 1973). Aufgrund der wirtsspezifischen Verseuchungsdichte (WVD) der Nematoden an diesen Wirten differenzieren wir die Wirte in 'anfällige' und 'resistente' Wirte. Anfällige Wirte besitzen eine WVD $\geqq$300 Larven/100 cm³ Boden, resistente Wirte eine WVD $<$300.

An den sogenannten resistenten Kartoffeln erreichen die weiblichen Larven normalerweise nicht die Geschlechtsreife. Die Männchen wandern aus der Pflanze wieder aus und die Weibchen sterben ab. Als Folge wäre an den resistenten Wirten ein geringerer Schaden zu erwarten als an den anfälligen. Lassen sich diese verschiedenen Wirtsreaktionen auch bei der Befall-Schaden-Funktion nachweisen?

Um diese Frage zu beantworten, wurde eine 4. Klasse von Wertesätzen mit den spätreifenden, resistenten Sorten 'Tunika' und 'Xenia' gebildet (Tab. 1 und Abb. 3). Sowohl das Ertragsniveau als auch der Regressionskoeffizient weisen gesichert geringere Werte als die der vergleichbaren anfälligen Reifegruppe (Klasse 2) auf. Allerdings ist die Bestimmtheit klein und dementsprechend sind die Konfidenz- und Vorhersageintervalle groß (Abb. 7). Die Verlustrate k beträgt nur 10%. Obwohl das Ertragsniveau der resistenten Sorten bei VDA = 20 etwa 20% unter dem der anfälligen Sorten liegt, wären sie ertraglich sogar überlegen, wenn eine Verseuchung (VDA) von mehr als 3000 Larven/100 cm³ Boden vorliegt. Diese Aussage gilt für die Bedingungen des Nematoden-Versuchsfeldes Groß Lüsewitz.

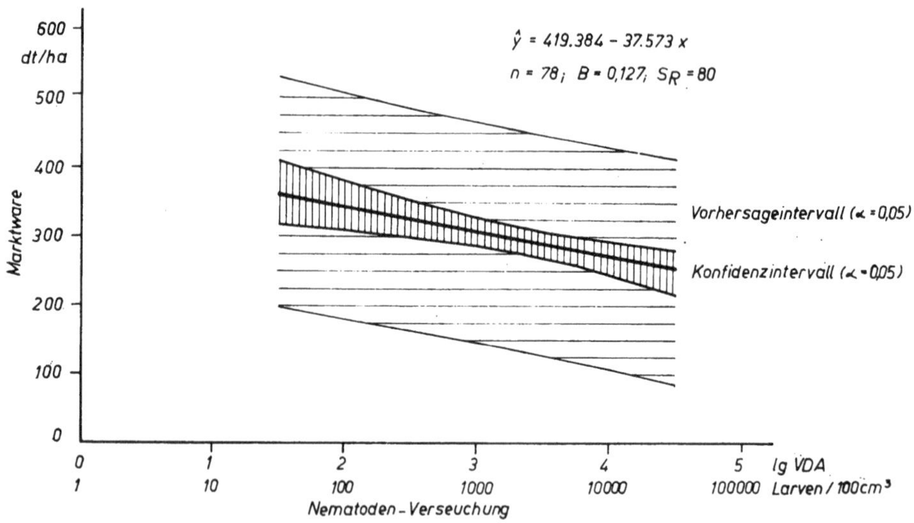

Abb. 7: Marktwareertrag an Kartoffeln in Abhängigkeit von der Verseuchung mit *Globodera rostochiensis*, Pathotyp 1, auf dem Nematodenversuchsfeld Groß Lüsewitz der spätreifen resistenten Sorten 'Tunika' und 'Xenia'

Auch unter den Bedingungen der landwirtschaftlichen Produktion (Tab. 2 und Abb. 3) fiel die Sortengruppe 'spät und resistent' durch niedrige Verlustraten auf. Die Verlustrate lag mit 13% im Bereich derjenigen unter Versuchsfeldbedingungen und deutlich niedriger als die der anfälligen Sorten. Die Differenz war statistisch aber nicht signifikant. Die Verlust-Funktion fassen wir daher wie folgt zusammen

$$\text{VM\% (spät, resistent)} = 12 \lg \frac{\text{VDA}}{10} - 4\,. \tag{5}$$

Frühreife, resistente Sorten wurden nicht untersucht. Für ihre Verlustrate 'k' kann aufgrund der Ausführungen gefolgert werden, daß sie größer als die der spätreifenden, resistenten Sorten, aber kleiner als die der spätreifenden, anfälligen Sorten ausfallen muß, also vermutlich zwischen 12 und 21 liegt.

3.2.3. Witterung (Erdbodentemperatur und Niederschläge)

Auf dem Nematoden-Versuchsfeld des Institutes für Kartoffelforschung Groß Lüsewitz sind die agrotechnischen Bedingungen in den einzelnen Jahren sehr einheitlich. Ertragsschwankungen gleicher Versuchsglieder sind daher vorzugsweise auf variierende meteorologische Einflußgrößen zurückzuführen. Das gleiche gilt für unterschiedliche Vermehrungsraten des Kartoffelnematoden unter Berücksichtigung der Verseuchungsdichte. Dabei könnten bestimmte Witterungsänderungen gleich- und/oder gegensinnig auf Wirt und Parasit wirken und damit entsprechende Wechselwirkungen auslösen.

Die Frage: Wie wird die Befall-Schaden-Funktion des Kartoffelnematoden durch Witterungseinflüsse modifiziert? kann mit dem vorliegenden Material nicht schlüssig beantwortet werden. Wohl aber ist es möglich, einige Tendenzen für den Zusammenhang zwischen einigen Kenndaten der Witterung und der Befall-Schaden-Funktion anzudeuten.

Tabelle 4
Übersicht über die Regressionsanalysen Marktwareertrag an Kartoffeln in Abhängigkeit von der Nematodenverseuchung auf dem Nematodenversuchsfeld Groß Lüsewitz für die spätreifende, anfällige Sorte 'Gerlinde'

Jahr 1	r 2	B 3	a 4	b_{yx} 5	k 6	n 7
66	$-0{,}929^{+++}$	0,863	653,6 864,9	−158,919	24	10
67	$-0{,}908^{+++}$	0,824	548,5 717,871	−127,340	23	17
68			649,2 871,0	−166,760	26	11
69	$-0{,}949^{+++}$	0,900	472,7 625,795	−115,083	24	11
70	$-0{,}806^{+++}$	0,650	493,6 603,251	−82,465	17	10
71	$-0{,}804^{+++}$	0,646	491,1 624,809	−100,545	20	10
72	$-0{,}740^{+++}$	0,548	585,9 797,677	−159,218	27	19
$\bar{x}$ (66−72)	$-0{,}868^{+++}$	0,753	520,6 676,1	−116,918	22	88

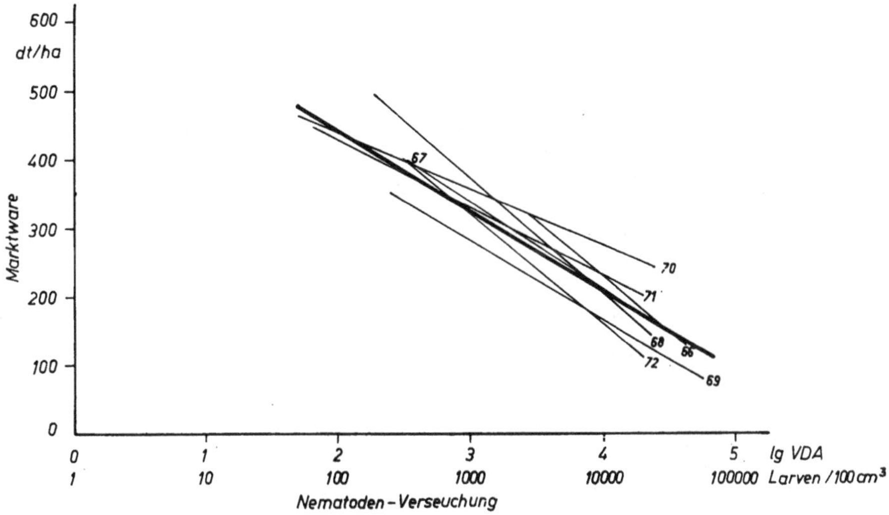

Abb. 8: Marktwareertrag an Kartoffeln in Abhängigkeit von der Verseuchung mit *Globodera rostochiensis*, Pathotyp 1, auf dem Nematodenversuchsfeld Groß Lüsewitz der Sorte 'Gerlinde' in den Jahren 1966 ... 1972

Von den Witterungsfaktoren haben wir die Erdbodentemperatur in 10 cm Tiefe und die Niederschläge ausgewählt. Es ist bekannt, daß die Larven des Kartoffelnematoden erst oberhalb von 9 °C schlüpfen und ihre Beweglichkeit bei Bodenfeuchten im optimalen Bereich gefördert wird. Diesen beiden Witterungsgrößen wurde als Ausdruck

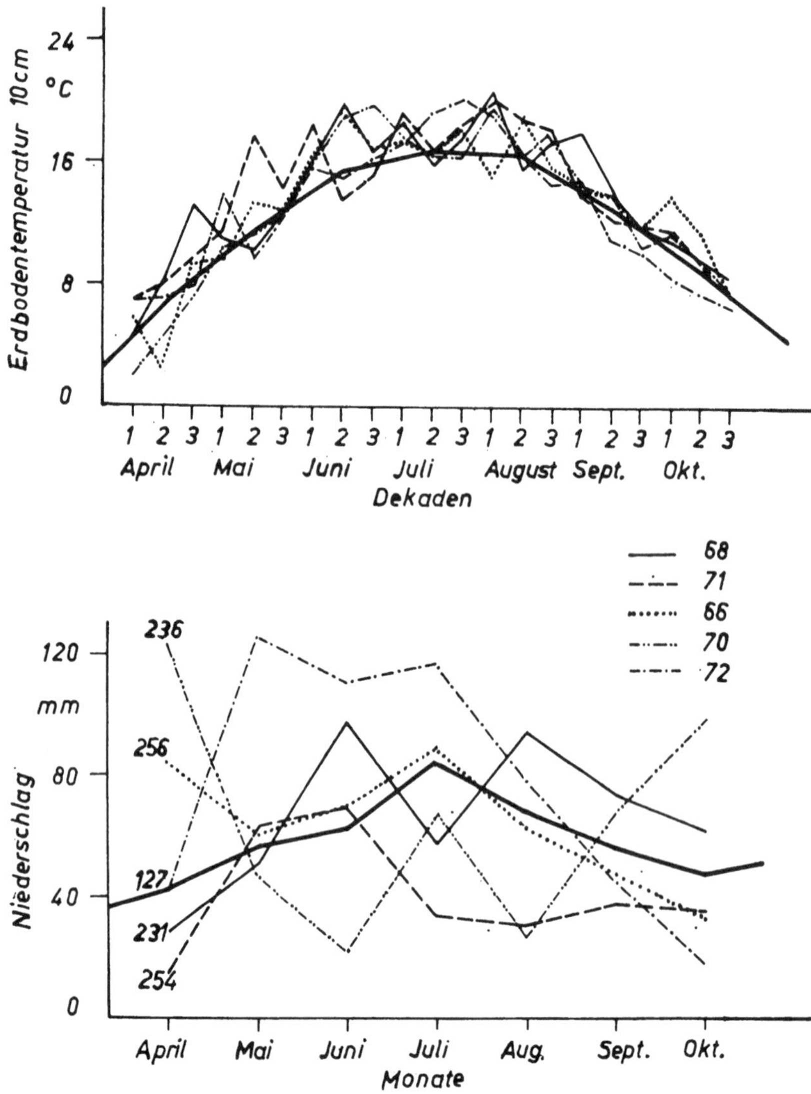

Abb. 9: Dekadenmittel der Erdbodentemperaturen (10 cm) und Monatsmittel der Niederschläge für die Jahre 1966, 1968 und 1970 ... 1972
(Die Werte vor den Kurven weisen die Niederschläge in den vorhergehenden Monaten Oktober bis März aus)

der Befall-Schaden-Funktion die Verlustrate k gegenübergestellt. Die Regression zwischen Befall und Schaden der spätreifen, anfälligen Sorte 'Gerlinde' sind in Tabelle 4 und Abbildung 8, die Erdbodentemperaturen und Niederschläge in Abbildung 9 angegeben. Da die Verlustraten auf einen gleichen Bezugspunkt normierte Größen darstellen, erlauben sie einen unmittelbaren Vergleich. k steigt in der Folge

$$k70 < k71 < k67 < k66 = k69 < k68 < k72$$

und liegt im Mittel bei 22, wie für eine späte, anfällige Sorte erwartet werden muß

(s. S. 19). Extrema bezüglich der k-Werte bilden die Jahre 1970 und 1972, die aber in den Vermehrungsraten keine Unterschiede aufweisen, so daß diese als Ursachen ausscheiden (Tab. 4).

Vergleicht man die Niederschläge und Erdbodentemperaturen (Abb. 9), so sind die Jahre 1970 und 1972 recht verschieden abgelaufen. 1970 ist gekennzeichnet durch hohe Winterniederschläge, unterdurchschnittliche Niederschläge von Mai bis August, niedrige Erdbodentemperaturen im April und hohe im Juni. Für 1972 gilt genau die entgegengesetzte Situation. Die Erdbodentemperaturen im April/Mai und die Niederschläge im Mai/Juni scheinen die Verlustrate k in der Befall-Schaden-Funktion des Kartoffelnematoden zu modifizieren. Überdurchschnittliche Werte führen zu einer Erhöhung, unterdurchschnittliche Werte zu einer Senkung der Verlustrate k.

4. Zusammenfassung

Aufgrund von Regressionsanalysen mit Ergebnissen aus Parzellenversuchen und Produktionsexperimenten wurden die Befall-Schaden-Funktionen des Kartoffelnematoden, Pathotyp 1, in Abhängigkeit von der Reifegruppe und der Wirtsreaktion der Sorte als Ertragsverluste an Marktware Knollen in Prozent (VM%) ausgedrückt:

$$\mathrm{VM\%} = k \cdot \lg \frac{\mathrm{VDA}}{10} - \frac{1}{3} k .$$

Dabei ist VDA die Verseuchungsdichte des Nematoden zu Anfang der Vegetation in Larven/100 cm³ Boden und k die Verlustrate, die sich aus

$$k = \frac{b}{a - \frac{4}{3} b} \cdot 100$$

errechnet und auf VDA = 20 bezieht.
a und b sind die Parameter der linearen Regressionen. k beträgt für frühe, anfällige Sorten 33, für späte, anfällige Sorten 21 und für späte, resistente Sorten 12. Die Erdbodentemperaturen im April/Mai und die Bodenfeuchten im Mai/Juni können die durch Nematoden verursachte Verlustrate modifizieren.

Резюме

Название работы: Отношение между поражением картофельной нематодой *Globodera rostochiensis*, патотип I, и ее вредоносностью

На основе регрессионных анализов результатов деляночных и производственных опытов, была определена функция поражения картофельной нематодой, патотип I, и ее вредоносности. Она была выражена в зависимости от группы спелости и реакции сорта-хозяина в виде потерь товарных клубней в процентах (VM %) следующей формулой:

$$\mathrm{VM\ \%} = k \cdot \lg \frac{\mathrm{VDA}}{10} - \frac{1}{3} k,$$

где VDA-степень пораженности нематодами в начале вегетационного периода, определяемая по количеству личинок на 100 см³ почвы, и к-потери, которые определяются по формуле

$$k = \frac{b}{a - \frac{4}{3}b} \cdot 100$$

и относятся к VDA = 20.
a и b являются параметрами линейных регрессий. k составляет для ранних, чувствительных сортов — 33, для поздних, чувствительных сортов — 21 и для поздних, устойчивых сортов — 12. Температура почвы в апреле, мае и влажность почвы в мае и июне могут модифицировать потери, вызванные нематодами.

Summary

Title of the paper: Infestation-damage relation in potato root eelworm *Globodera rostochiensis*, pathotype 1

Using regression analyses with results from plot experiments and production trials, the infestation-damage relation of potato root eelworm, pathotype 1, in dependence on the ripeness group and the host reaction of the cultivar concerned is given as the per cent loss of marketable crop yield (VM%):

$$\text{VM\%} = k \cdot \lg \frac{\text{VDA}}{10} - \frac{1}{3}k\,,$$

where VDA is the rate of infestation at the beginning of the growing season (number of larvae per 100 cm³ of soil), and k is the loss rate calculated from

$$k = \frac{b}{a - \frac{4}{3}b} \cdot 100$$

and related to VDA = 20.
a and b are the parameters of linear regressions. k is 33 for early, susceptible cultivars, 21 for late, susceptible cultivars, and 12 for late, resistant cultivars. Soil temperature in April/May and soil moisture in May/June may modify the loss rate due to potato root eelworms.

Literatur

Behringer, P.; Fürst, L.: Wie stark schädigen Kartoffelnematoden wirklich? Der Kartoffelbau 29 (1978), S. 373–374

Brown, E. B.: Assessing the damage caused by *Heterodera rostochiensis* Woll. Nature 191 (1961), S. 937–938

Brown, E. B.: Assessment of the damage caused to potatoes by potato cyst eelworm, *Heterodera rostochiensis* Woll. Ann. appl. Biol. 63 (1969), S. 493–502

Bumbulucź, L.; Øydvin, J.: Populasjonsstettleik hos gul potetcystenematode *Heterodera rostochiensis* Woll. og potetavlingar ved einsidig dyrking av mottakeleg og ex andigena nematoderesistent cultivar med genet H_1, 1963–70. Forskning og forsøk i landbruket 27 (1976), S. 731–741

Engel, K.-H.; Drabsch, H.: Ein Erklärungsversuch für die durch den Kartoffelnematoden (*Heterodera rostochiensis* Wollenweber) verursachte Wachstums- und Entwicklungsverzögerung. Vorträge 10. Tag. „Probleme der Phytonematologie" Groß Lüsewitz, 11. Juni 1971 (1971), S. 42–51

ENGEL, K.-H.; STELTER, H.; RAEUBER, A.: Kennzeichnung von Wirtspflanzen des Kartoffelnematoden (*Heterodera rostochiensis* Woll.). Vorträge 12. Tag. „Probleme der Phytonematologie" Groß Lüsewitz, 1. Juni 1973 (1973), S. 30–54

MEINL, G.; STELTER, H.: Wachstums-, entwicklungs- und stoffwechselphysiologische Probleme bei nematodenbefallenen Kartoffelpflanzen. Vorträge 10. Tag. „Probleme der Phytonematologie" Groß Lüsewitz, 11. Juni 1971 (1971), S. 27–41

RASCH, D.; ENDERLEIN, G.; HERRENDÖRFER, G.: Biometrie — Verfahren, Tabellen, angewandte Statistik. Berlin, VEB Dt. Landwirtschaftsverlag 1973, 390 S.

SEINHORST, J. W.; OUDEN, H. DEN: The relation between density of *Heterodera rostochiensis* and growth and yield of two potato varieties. Nematologica 17 (1971), S. 347–369

STELTER, H.; MEINL, G.: Wachstum und Entwicklung zweier Kartoffelsorten in Gefäßen mit nematodenverseuchtem Boden. Z. Pflanzenkrankh. u. Pflanzenschutz 69 (1962), S. 81–89

STELTER, H.; RAEUBER, A.: Ein Beitrag über die Schadwirkung des Kartoffelnematoden *Heterodera rostochiensis* Woll. Biol. Zentralbl. 87, (1968), S. 91–96

STELTER, H.; VOGEL, J.: Untersuchungen über den Kartoffelnematoden VI. Die Beeinflussung der Bodenverseuchung und des Knollenertrages durch Sorten verschiedener Reifezeit. Z. Landw. Versuchs-Untersuchungsw. 7 (1961), S. 5–10

VIDEGÅRD, G.: Potatisnematoden — rasinventering och användning av resistenta sorter. Potatis, Sveriges Potatisodlares Riksförebund 1966 (1966), S. 41–45

THOMPSON, H. W.: Potato root eelworm. Plant Nematology, Techn. Bull. Nr. 7, London (1959), S. 89–95

Anschriften der Verfasser:

H. STELTER
Dr. A. RAEUBER
Institut für Kartoffelforschung Groß Lüsewitz
der AdL der DDR
2551 Groß Lüsewitz

Dr. K.-H. ENGEL
Institut für Pflanzenzüchtung Gülzow-Güstrow
der AdL der DDR
2601 Gülzow-Güstrow

Arch. Phytopathol. u. Pflanzenschutz, Berlin 16 (1980) 1, S. 29–34

Institut für Phytopathologie Aschersleben
der Akademie der Landwirtschaftswissenschaften
der Deutschen Demokratischen Republik

ROLF FRITZSCHE und SUSANNE THIELE

Verbreitung von *Longidorus elongatus* (De Man) Thorne et Swanger in der Deutschen Demokratischen Republik

Eingegangen: 23. 2. 1979

1. Einleitung

Im Gewächshausversuch sowie im Freiland ist die Nematodenart *Longidorus elongatus* (De Man) Thorne et Swanger Vektor folgender wirtschaftlich wichtiger pflanzenpathogener Viren: schottischer und englischer Stamm des Himbeerringflecken-Virus (raspberry ringspot virus), Tomatenschwarzring-Virus (tomato black ring virus) (FRITZSCHE u. a., 1972; TAYLOR und ROBERTSON, 1975), Nelkenringflecken-Virus (carnation ringspot virus) (FRITZSCHE und SCHMELZER, 1967). Das letztgenannte Virus wurde neuerdings in verschiedenen Obstbeständen der DDR an Apfel, Birne und Sauerkirsche nachgewiesen. Da das Virus gleichzeitig in verschiedenen Unkrautarten innerhalb der Obstanlagen vorkommt und diese auch zum Nährpflanzenkreis von *L. elongatus* gehören, kommt diesem Vektor eine nicht zu unterschätzende Bedeutung für die Virusepidemiologie zu (FRITZSCHE u. a., 1979). Dies gilt ganz besonders für solche Obstanlagen, die mit virusfreiem Baumschulmaterial aufgepflanzt wurden. Virusfreie Baumbestände sind ungetesteten Beständen sowohl hinsichtlich der Höhe der Erträge, der Dauer der Ertragsfähigkeit als auch der Qualität des Erntegutes überlegen (KEGLER u. a., 1972; MEIJNEKE u. a., 1976). Deshalb ist die Gesunderhaltung dieser Bestände ein wichtiges Anliegen der obstbaulichen Praxis. Als Grundlage für entsprechende Maßnahmen ist die Kenntnis der Virusepidemiologie einschließlich der Vektoren entscheidend. In Anbetracht der wirtschaftlichen Bedeutung der genannten Viren und der Notwendigkeit der Gesunderhaltung der bereits stehenden und in Zukunft noch aufzupflanzenden virusfreien Obstbestände erschienen Untersuchungen über die Verbreitung ihres Vektors *L. elongatus* erforderlich.

2. Material und Methode

In mehrjährigen Untersuchungen wurden von uns in allen Bezirken der DDR an den verschiedensten Biotopen über 700 Bodenproben gesammelt und mit Hilfe der Baermann-Trichtermethode auf das Vorhandensein von *L. elongatus* analysiert. Die Bodenprobenahme sowie die Nematodenextraktion erfolgten nach den von DECKER (1969) beschriebenen Verfahren. Für die Determination der Artzugehörigkeit stellte uns Herr Prof. Dr. DECKER, Rostock, freundlicherweise Belegexemplare zur Verfügung, wofür wir auch an dieser Stelle herzlich danken.

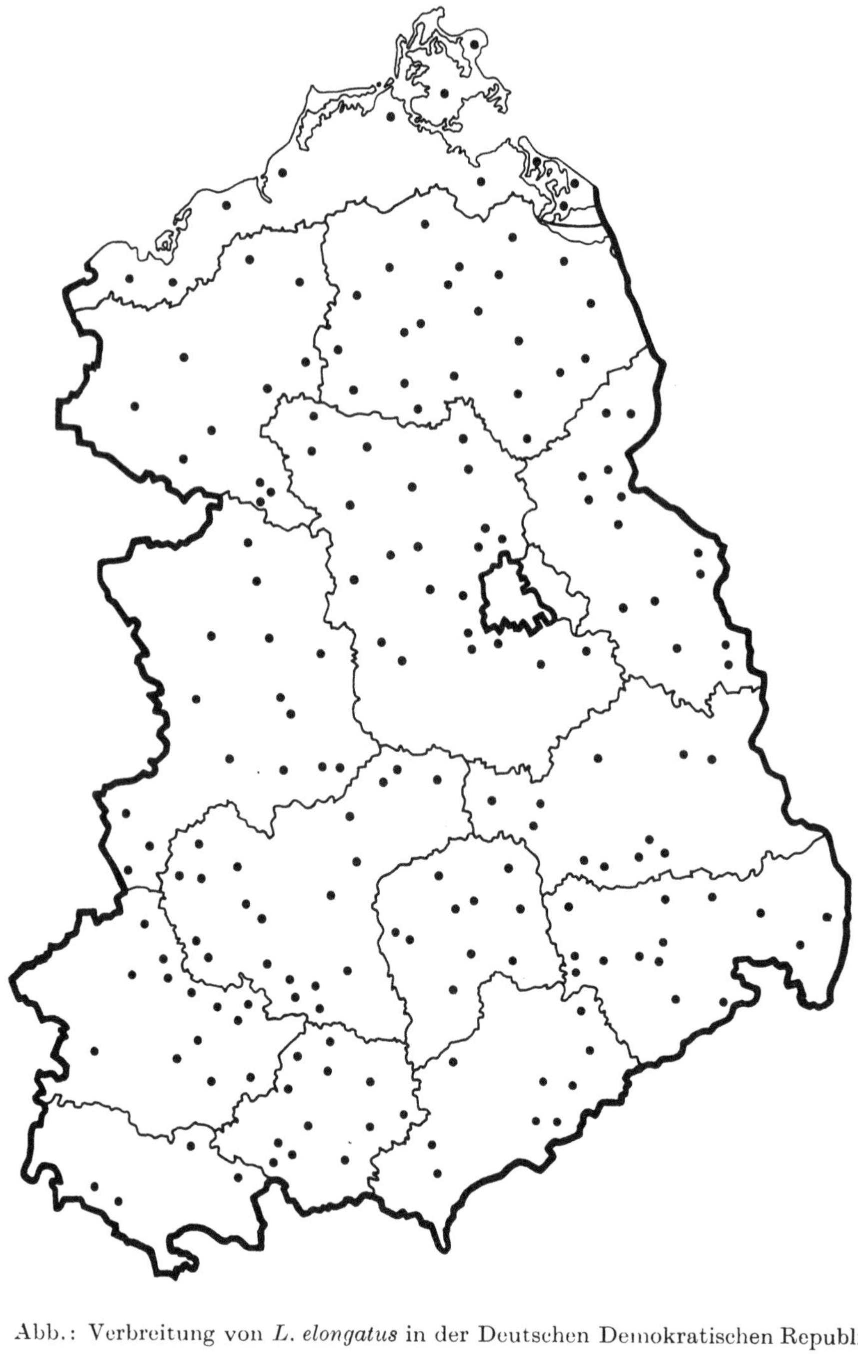

Abb.: Verbreitung von *L. elongatus* in der Deutschen Demokratischen Republik

3. Ergebnisse

3.1. Verbreitung in der DDR

Wie die Abbildung zeigt, wird *L. elongatus* grundsätzlich in allen Bezirken der DDR angetroffen. Eine klimatisch bedingte Bevorzugung bestimmter Gebiete konnten wir nicht nachweisen. Dabei sind wir uns bewußt, daß quantitative Aussagen bei derartigen faunistischen Untersuchungen nur mit Vorbehalt gemacht werden können. Wie PIETLER (1978) bei seinen Untersuchungen im Bezirk Neubrandenburg fand, die in der vorliegenden Karte berücksichtigt wurden, unterliegt die Populationsdichte von *L. elongatus* im Laufe eines Jahres sowie im Laufe mehrerer Jahre zum Teil erheblichen Schwankungen. Dies stimmt mit den Befunden überein, die auch für *L. macrosoma* Hooper, eine weitere Vektorart für pflanzenpathogene Viren aus dieser Nematodengattung, gemacht werden konnten (FRITZSCHE, 1968). Diese Populationsschwankungen finden naturgemäß in den Ergebnissen derartiger faunistischer Untersuchungen ihren Niederschlag.

3.2. Vorkommen in Abhängigkeit von der Bodenart

PIETLER (1978) fand im Bezirk Neubrandenburg *L. elongatus* vor allem auf lehmigen Sand- und sandigen Lehmböden. WEISCHER (1975) bezeichnet diese Art als wenig abhängig von der Bodenart. Er fand sie sowohl auf leichtem Boden als auch auf schwerem Lehmboden. In hügeligem Gelände trat nach seinen Ermittlungen *L. elongatus* ausschließlich am Fuße der Bodenerhebungen auf, niemals in den höheren Lagen. Der überwiegende Teil unserer Fundstellen lag auf sandigen Lehmböden und lehmigen Sandböden. Wir fanden die Art aber auch auf humosen Lehmböden, schweren Lehmböden sowie vereinzelt auf steinigen Verwitterungsböden am Rande des Harzes und des Thüringer Waldes. Die Art fehlt stets auf den ausgesprochen leichten und trockenen Sandböden sowie auf Moorböden.

3.3. Vorkommen in Abhängigkeit vom Biotop

Das mengenmäßige Auftreten von *L. elongatus* an den in die Untersuchungen einbezogenen Biotopen ist in der Tabelle zusammengestellt. Dabei werden keine Aussagen über die Nähr- bzw. Wirtspflanzeneignung der an diesen Biotopen vorkommenden Pflanzenarten getroffen. Zu dieser Frage sei auf PIETLER (1978) verwiesen. Nach seinen Feststellungen sind über 60 Wirtspflanzenarten bekannt.

Die Tabelle zeigt, daß ackerbaulich genutzte Flächen und Uferhänge verhältnismäßig wenig Vertreter dieser Art aufweisen. Die gefundenen Zahlen stimmen weitgehend mit den Befunden von PIETLER (1978) überein. Hohe Populationsdichten finden sich vor allem in Obstanlagen, in Straßengräben und in Gehölzgruppen. Bei den Obstanlagen konnten wir keine Unterschiede zwischen den Obstarten feststellen. Auch fanden wir keine Unterschiede in der Besiedelungsdichte zwischen feuchten Wiesen mit hohem Grundwasserstand und Wiesen in trockneren Lagen. Auffällig war, daß in Straßengräben, die durch Bäume beschattet wurden, fast stets *L. elongatus* gefunden wurde. Ähnliches trifft für Gehölzgruppen zu. Da sich an solchen Biotopen vielfach Unkrautarten wie *Urtica urens* L., *Stellaria media* L., *Poa*-Arten finden, die sowohl Wirte der Nematoden als auch des Nelkenringflecken-Virus sein können, ist nicht ausgeschlossen, daß diese Biotope epidemiologisch Bedeutung als Infektionsreservoire erlangen können.

Tabelle
Auftreten von *Longidorus elongatus* (DeMan) Thorne et Swanger an verschiedenen Biotopen

Biotop	Stärke des Auftretens
a) Kulturflächen	
ackerbaulich genutzte Flächen	0 bis 1
Gärten	0 bis 3
Obstanlagen	2 bis 4
Wiesen und Weiden	1 bis 2
b) Sonstige Flächen	
Straßengräben	1 bis 4
Uferhänge	0 bis 1
ungenutzte Grasflächen	2
Gehölzgruppen	2 bis 4

0 = kein Auftreten
1 = 1 bis 5 Nematoden/200 g Boden
2 = 6 bis 10 Nematoden/200 g Boden
3 = 10 bis 20 Nematoden/200 g Boden
4 = über 20 Nematoden/200 g Boden

4. Schlußfolgerung

L. elongatus kommt in der DDR in allen Bezirken vor. Eine Spezialisierung auf bestimmte Bodenarten bzw. bestimmte Klimagebiete ist nicht nachweisbar. Bei der Aufpflanzung virusfreien Baumschulmaterials muß also mit großer Wahrscheinlichkeit damit gerechnet werden, daß dieser Vektor für die genannten, zum Teil wirtschaftlich wichtigen Viren im Boden vorkommen kann und auf dem Wege über Unkräuter als Infektionsquellen eine Neuerkrankung dieses Baumschulmaterials bewirken kann. Eine chemische Bekämpfung der Nematoden zur Unterbrechung der Infektionskette ist weder möglich noch sinnvoll. Dagegen muß der Unkrautbekämpfung auch zwischen den Baumreihen besondere Beachtung geschenkt werden. In Anbetracht der geringen Ortsbeweglichkeit der Nematoden dürfte in unkrautfreien Anlagen eine Neuinfektion der virusfreien Bäume durch die Vermittlerrolle der Nematoden zwischen viruskranken Unkräutern und den Bäumen weitgehend ausgeschlossen sein. Problematisch ist in diesem Zusammenhang allerdings die in vielen Betrieben vorgenommene Grasansaat zwischen den Baumreihen zur besseren Befahrbarkeit der Anlagen.

5. Zusammenfassung

Die Nematodenart *Longidorus elongatus* (De Man) Thorne et Swanger, die Vektor des Himbeerringflecken-Virus, des Tomatenschwarzring-Virus und des Nelkenringflecken-Virus ist, kommt in allen Bezirken der DDR vor.
Eine Spezialisierung auf bestimmte Bodenarten bzw. bestimmte Klimagebiete ist nicht nachweisbar. Die Art fehlt stets auf ausgesprochen leichten und trockenen Sandböden und auf Moorböden.
Hohe Populationsdichten finden sich vor allem in Obstanlagen, in Straßengräben

und in Gehölzgruppen.
Die Bedeutung der Ergebnisse für die Virusepidemiologie sowie deren praktische Nutzung werden diskutiert.

Резюме

Название работы: Распространение *Longidorus elongatus* (De Man) Thorne et Swanger в Германской Демократической Республике

Нематода *Longidorus elongatus* (De Man) Thorne et Swanger, переносящая вирус кольцевой пятнистости малины, черной кольцевой пятнистости томата и кольцевой пятнистости гвоздники, встречается во всех областях ГДР.
Специализация на определенные виды почв или климатические зоны не была установлена. Данный вид никогда не встречаелся на очень легких и сухих песчаных почвах и на торфяниках.
Высокая плотность популяции прежде всего встречалась в плодовых насаждениях, дорожных кюветах и зарослях.
Обсуждается значение разультатов для вирусной эпидемиологии и их практическое использование.

Summary

Title of the paper: Occurrence of *Longidorus elongatus* (De Man) Thorne et Swanger in the German Democratic Republic

The nematode *Longidorus elongatus* (De Man) Thorne et Swanger, which is the vector of raspberry ringspot virus, tomato black ring virus, and carnation ringspot virus, occurs in every county of the GDR. Specialization for certain soil types or climatic zones could not be proved. The species never was found on distinctly light and dry sandy soils or on bog soils.
High population densities are met above all in orchards, road ditches, and groups of woody plants.
The importance of these results to virus epidemiology and their use in practical work are discussed.

Literatur

Decker, H.: Phytonematologie. Berlin, VEB Deutscher Landwirtschaftsverl., 1969 526 S.

Fritzsche, R.: Ökologie und Vektoreignung von *Longidorus macrosoma* Hooper. Biol. Zbl. 87 (1968), S. 139–146

Fritzsche, R.; Karl, E.; Lehmann, W.; Proeseler, G.: Tierische Vektoren pflanzenpathogener Viren. Jena, VEB Gustav Fischer Verl., 1972, 521 S.

Fritzsche, R.; Kegler, H.; Thiele, S.; Gruber, G.: Beitrag zur Epidemiologie und Übertragung des Nelkenringflecken-Virus in Obstbeständen. Arch. Phytopathol. u. Pflanzenschutz 15 (1979), S. 177 – 180

Fritzsche, R.; Schmelzer, K.: Übertragbarkeit des Nelkenringflecken-Virus durch Nematoden. Naturwissenschaften 54 (1967), S. 498–499

Kegler, H.; Spaar, D.; Otto, H.: Einfluß von Viren auf Ertrag und Wuchs der Sauerkirschensorte 'Schattenmorelle'. Arch. Gartenbau 20 (1972), S. 479–487

Meijneke, C. A. R.; Oosten, H. J. van; Peerbooms, H.: Wachstum, Ertrag und Fruchtqualität von virusbefallenen Golden Delicious-Bäumen. Obst- und Weinbau 13 (1976), S. 231–232

PIETLER, K.: Untersuchungen über Verbreitung, Biologie und Ökologie der virusübertragenden Nematodengattungen *Longidorus*, *Xiphinema*, *Trichodorus* und *Paratrichodorus* im Bezirk Neubrandenburg. Rostock, Wilhelm-Pieck-Univ., Diss. 1978, 125 S.

TAYLOR, C. E.; ROBERTSON, W. M.: Acquisition, Retention and Transmission of Viruses by Nematodes. In: LAMBERTI, F.; TAYLOR, C. E.; SEINHORST, J. W.: Nematode Vectors of Plant Viruses. London, Plenum Press, 1975, S. 235–276

WEISCHER, B.: Ecology of *Xiphinema* and *Longidorus*. In: LAMBERTI, F.; TAYLOR, C. E.; SEINHORST, J. W.: Nematode Vectors of Plant Viruses. London, Plenum Press, 1975, S. 291–307

Anschrift der Verfasser:
Prof. Dr. sc. R. FRITZSCHE
Agr. Ing. S. THIELE
Institut für Phytopathologie Aschersleben
der AdLder DDR
4320 Aschersleben
Theodor-Roemer-Weg

Arch. Phytopathol. u. Pflanzenschutz, Berlin 16 (1980) 1, S. 35–44

Institut für Getreideforschung Bernburg-Hadmersleben
der Akademie der Landwirtschaftswissenschaften
der Deutschen Demokratischen Republik

MARTIN OSCHMANN

Temperatur und Feuchte als Einflußfaktoren auf die Schädigung des Maises durch die Fritfliege (*Oscinella frit* L.)

Eingegangen: 21. 4. 1979

1. Einleitung

Wie die Pflanzen unterliegen auch die Insekten als poikilotherme Tiere in allen Phasen ihres Lebens in großem Maße dem Einfluß der Temperatur. Die Außenfaktoren wirken auf jeden Organismus einmal unmittelbar, greifen aber auch in ihre gegenseitigen Beziehungen ein. So wird das Schaderregersystem Fritfliege (*Oscinella frit* L.) — Mais vom Temperaturfaktor stark beeinflußt (SCHAPIRO u. a., 1959). Hinweise auf den Einfluß der Luftfeuchtigkeit ergaben sich bei unseren Untersuchungen (OSCHMANN, 1974). Auf welche Weise diese Umweltfaktoren in die Wirt-Parasit-Beziehungen ergreifen und sich damit auf die Ertragsverluste auswirken, ist noch nicht vollständig bekannt, hierzu soll in dieser Untersuchung ein Beitrag geliefert werden.

Die bisher in der Literatur dargestellten Einflußfaktoren auf die Schädigung der Pflanze durch die Maden der Fritfliege sind zahlreich und vielschichtig und reichen von Resistenz- und Toleranzerscheinungen der Pflanze über populationsendogene Faktoren der Fritfliege bis zu den Einflüssen der abiotischen und biotischen Umwelt. Die Wirkung von Temperatur und Feuchtebedingungen hier einzuordnen und zu wichten, ist nicht nur theoretisch von Interesse, sondern gewinnt auch praktische Bedeutung bei vorbeugenden Maßnahmen, der Prognose und der Klärung der Resistenz- und Toleranzerscheinungen, bei der sie als Störfaktoren im Freiland in Erscheinung treten.

2. Methode

Die Untersuchungen wurden an Maispflanzen durchgeführt, die im Frühbeetkasten oder in Töpfen im Freiland standen und so einem natürlichen Befall ausgesetzt waren. Als Versuchsgröße wurden 4 × 50 Pflanzen gewählt. An den Pflanzen wurden folgende Bonituren vorgenommen:

1. Wiederholte Einschätzung des Entwicklungsstadiums der Pflanze bis zum 7-Blattstadium nach folgendem Schema:

Blattstadium	Merkmale
0,3	Der Mais „spitzt"; Blätter noch in der Koleoptile eingeschlossen
0,7	Erstes Blatt deutlich sichtbar, noch nicht entfaltet
1,0	Erstes Blatt öffnet sich, das zweite wird sichtbar
1,5	Erstes Blatt völlig entfaltet, das zweite etwa gleichlang
2,0	Das dritte Blatt wird mit der Spitze sichtbar
2,4	Das dritte Blatt reicht mit der Spitze bis zur Hälfte der Spreite des zweiten Blattes
3,0	Das vierte Blatt wird mit der Spitze sichtbar

2. Längenmessungen zur Einschätzung des Wachstums der Pflanze im 5- bis 6-Blattstadium,
3. Auszählung der Fritfliegeneier, Notierung des Ablageortes,
4. Auszählung der Bohrlöcher, Vermessung der Lage der Bohrlöcher im 5-Blattstadium. Die von den Larven beim Eindringen in die Maispflanze hinterlassenen Bohrlöcher in den äußeren Blattscheiden schließen sich zwar wieder, sind aber noch bis zum 6-Blattstadium an dem sie umgebenden gefärbten Hof gut erkennbar. Durch einen Skalpellschnitt am Basisknoten werden die Blätter abgetrennt und unter dem Stereomikroskop Lage und Anzahl der Bohrlöcher festgestellt. Beobachtungen und Bonituren in Parzellenversuchen und Praxisschlägen ergänzten die Untersuchungen.

3. Ergebnisse

3.1. Der Termin der Eiablage

Die Eiablage der Fritfliege ist eng an den Entwicklungsverlauf der jungen Maispflanzen gebunden (OSCHMANN, 1974). Sie kann bei größeren Populationsdruck bereits kurz nach dem **Auflaufen** der Pflanzen einsetzen, wenn die ersten zwei Blätter noch nicht entfaltet sind; in der Regel beginnt sie aber erst nach dem Erreichen des 2-Blattstadiums. Die größte Anzahl Eier wird im Blattstadium 2,7 gefunden, danach nimmt ihre Anzahl rasch ab, und noch vor Erreichen des 3-Blattstadiums wird die Eiablage eingestellt. Eine Analyse der in der Abbildung dargestellten Kurve zeigt, daß der Betrag der täglich neu hinzukommenden Eier etwa gleichgroß ist, das Ansteigen der Kurve somit aus einer Akkumulation der Eier resultiert. Daraus ist zu

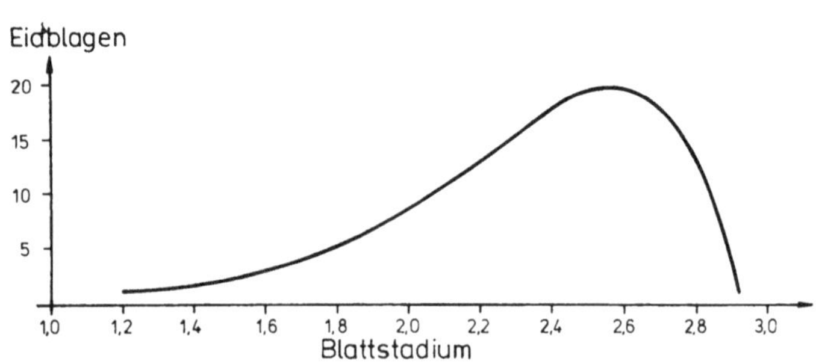

Abb.: Belegung der Maispflanzen mit Eiern der Fritfliege in Abhängigkeit vom Entwicklungsstadium der Pflanzen

schließen, daß die Attraktivität der Maispflanzen bis zum Blattstadium 2,7 in allen Entwicklungsphasen gleich ist. Erst der Abfall der Kurve von diesem Punkt an deutet auf einen Rückgang der Attraktivität hin.
Die Frage nach den Ursachen des Attraktivitätsverlustes der Pflanze muß mit einem Hinweis auf den Hauptablageort an der Pflanze beantwortet werden. Die Eiablage hinter die Koleoptile ist offenbar mit dem Entwicklungszustand dieses Organes verbunden. Bis kurz vor Erreichen des 3-Blattstadiums liegt die Keimscheide noch am Pseudohalm an, dann aber schreitet die häutige Vertrocknung ihres Randes rasch fort, sie spaltet von der Spitze her auf, bis schließlich die ganze Koleoptile abspreizt und vertrocknet. Damit wird sie für die Eiablage ungeeignet.
Diese These wird gestützt durch die Ergebnisse eines Versuches des Jahres 1977, der unter extrem nassen Bedingungen herangewachsen war. Die Koleoptile blieb an diesen Pflanzen ausnahmsweise noch bis zum 4-Blattstadium frisch und grün, und die Eiablage erfolgte hier noch bis zu diesem Zeitpunkt. Die Bedingungen hoher Feuchte führten sowohl zu einer entwicklungsphysiologischen Veränderung der Pflanze wie zu einer Verlängerung der Eiablage.

3.2. Der Eiablageort der Fritfliege an der Maispflanze

Die Eier von *O. frit* werden meist am Pseudohalm der Maispflanze hinter der Koleoptile gefunden, bei sehr trockenem Boden auch frei in der Erde (Oschmann, 1974). Dieses Ergebnis wurde in einem Versuch 1978 bestätigt, als nach einer längeren Trockenperiode am 22. Juni bei ausgetrockneter Erdoberfläche in einem Parzellenversuch eine Eiablage ebenfalls in der Erde festgestellt wurde. Die relative Luftfeuchtigkeit (Hüttenwert) war mit durchschnittlich 60% zur Zeit der Eiablage niedrig. Das andere Extrem wurde in einem Versuch mit getopftem Mais 1977 festgestellt. Vom 7. bis 10. Juli wurden die Eier vorwiegend auf den Blattspreiten, wo sonst nur selten abgelegt wird, gefunden. In dieser Zeit war der Boden sehr naß und die relative Luftfeuchtigkeit mit 73 bis 87% hoch. Danach sank die relative Luftfeuchtigkeit auf 66 bis 69% ab, und der Boden war nicht mehr so extrem naß. Die Eier wurden jetzt hinter die Koleoptile abgelegt. In diesem Versuch wurde auch beobachtet, daß sich die aus den Eiern schlüpfenden Larven direkt am Ablageort einbohrten. Die Eilarven auf den Blattspreiten gingen dabei ein. Die Mortalitätsrate betrug bei ihnen 97%. An den Pflanzen mit Eiern hinter der Koleoptile war dagegen eine Mortalitätsrate von nur 50% festzustellen.
Bei drei zeitlich gestaffelten Versuchen im Jahre 1978 (Tab. 1) spiegelte sich die relative Luftfeuchtigkeit während der Hauptzeit der Eibelegung in der Höhe der Bohrlöcher am Pseudohalm wider.

3.3. Der Einfluß der Bohrlochhöhe und Anzahl der Bohrlöcher auf die Ausbildung der Schadstufen

Die von den Feuchtebedingungen indirekt induzierte Höhe der Bohrlöcher in der Maispflanze ist, wie Tabelle 2 verdeutlicht, an der Ausprägung der Schadstufe mitbeteiligt. Am prägnantesten zeigt sich dies bei den Pflanzen der Schadstufe 1, wo die Schädigung des Vegetationskegels mit deutlich niedriger angesetzten Bohrlöchern einhergeht. Der Weg der Larven bis zum Wachstumszentrum der Pflanze ist, wenn sie nahe am Basisnodum eindringen, am kürzesten. Bohren sie sich höher am Pseudo-

Tabelle 1

Höhe des niedrigsten Bohrloches der Fritfliegenmaden an Maispflanzen in Abhängigkeit von der relativen Luftfeuchtigkeit

Versuch	Hauptzeit der Eibelegung	rel. F. % ($\bar{x}$)	Bohrlochhöhe $\bar{x}$ (mm) 1. Blatt	2. Blatt
I	15. bis 17. 5.	82	–	20,2
II	17. bis 20. 5.	78	8,5	16,9
III	22. bis 24. 5.	87	9,5	23,1

Tabelle 2

Durchschnittliche Anzahl der Bohrlöcher pro Pflanze und Höhe des niedrigsten Bohrloches im Keimblatt bei Mais

Versuch	Anzahl Bohrlöcher/Pfl. Schadstufe				Höhe d. niedrigsten Bohrloches (mm) Schadstufe			
	9	7	5	1	9	7	5	1
1971	–	2,3	2,9	3,7	–	7,1	9,0	5,0
1972	1,6	1,8	3,3	7,8	11,6	9,1	5,1	4,7
1978a	2,0	3,4	–	3,7	10,6	10,0	–	8,3
1978b	1,7	2,0	2,6	2,3	7,6	7,6	7,1	3,7

Tabelle 3

Anzahl der abgelegten Fritfliegeneier pro Pflanze und Prozentsatz der geschädigten Pflanzen der Schadstufe 5

Eier/Pfl.	% Pfl. d. Schadstufe 5
1	17,8
2	12,5
3	25
4 bis 5	50

halm ein, ist nicht nur der direkte Weg zu diesem empfindlichen Organ weiter, sondern verlängert sich noch zusätzlich durch die Wachstumsbewegungen der jungen Blätter, wodurch die Larven nach oben abgedrängt werden. Diese Wachstumsbewegungen wirken sich um so stärker auf den potentiellen Weg der Larve aus, je höher diese in den Blättern miniert. Andererseits wird das Schadausmaß an der Maispflanze auch von der Anzahl der in ihr minierenden Larven geprägt. Die sehr kleinen, glasklar-durchsichtigen Eilarven lassen sich jedoch sehr schwer zählen, und die besser sichtbaren Larvenstadien II und III sind, nachdem die Schädigung der Pflanze bereits erfolgt ist, häufig zugrunde gegangen. Die Anzahl der Bohrlöcher in der Pflanze (Tab. 2) kann auf indirektem Weg den Zusammenhang zwischen Larvenzahl und Schadstufe deutlich machen, wenn auch angenommen werden muß, daß von einer Larve häufig mehrere Bohrversuche unternommen werden. Der Zusammenhang ergibt sich schon zwischen Eizahl und Schadstufe (Tab. 3). Sind drei oder mehr Eier an der Pflanze abgelegt, erhöht sich der Prozentsatz der Pflanzen mit schweren Schäden um ein mehrfaches.

3.4. Der Einfluß der Luftfeuchtigkeit auf die Mortalitätsrate der Eilarven

Zum Einfluß der Luftfeuchtigkeit auf die Larvenmortalität liegt nur ein indirekter Nachweis vor. Sind die Larven in die Pflanze eingedrungen, befinden sie sich wahrscheinlich unter optimalen Feuchtebedingungen. Solange sich die Larven aber noch außen an der Pflanze befinden, sind sie den Schwankungen der Luftfeuchtigkeit ausgesetzt.
Beim Anhäufeln von Pflanzen, die mit Eiern belegt waren, wurden mehr Pflanzen durch die Fritfliegenlarven beschädigt als in der ungehäufelten Kontrollparzelle (Oschmann, 1974). Diese Ergebnisse wurden so interpretiert, daß die Eier und Eilarven durch das Anhäufeln unterhalb die Erdoberfläche gerieten, wo feuchtere Bedingungen gegeben waren. Hierdurch wurde die Mortalitätsrate herabgesetzt und ein stärkerer Befall hervorgerufen.

3.5. Die Abhängigkeit des Schädigungsgrades der Maispflanze von der Temperatur

Während die Schadausprägung einerseits von der Anzahl minierender Larven in der Pflanze beeinflußt wird, wirkt sich andererseits die temperaturgesteuerte Wachstumsgeschwindigkeit der Blätter auf die Ausprägung des Schadbildes aus.
Bedingt durch den Zeitpunkt der Eiablage, die Dauer der Embryonalentwicklung und die Zeit, die zum Durchbohren der Blattscheiden des ersten und zweiten Blattes mit ihrem ausdifferenzierten Gewebe benötigt werden, können die Larven in der Regel nicht vor Eintritt des 3-Blattstadiums ihre Schadwirkung beginnen. Erst danach werden die embryonalen Gewebe beschädigt. Die Seitentriebbildung setzt bei den Maispflanzen unter dem Fraßreiz der Fritfliegenmaden etwa mit dem 4-Blattstadium ein und entspricht der Bestockungsphase des Ährengetreides. In diesem Zeitraum zwischen 3- und 4-Blattstadium durchläuft die Maispflanze ein kritisches Stadium, in dem sie eine besondere Empfindlichkeit gegenüber dem Angriff der *Oscinella*-Larven aufweist und das Schadbild geprägt wird. Überwindet die Pflanze dieses kritische Stadium unter dem Einfluß hoher Temperaturen rasch, entstehen nur schwache Schäden an den Pflanzen.
In einem Saatzeitenversuch, im August 1975 in einem Frühbeetkasten angelegt, gerieten die Pflanzen mit dem kritischen Stadium bei einer stabilen Schönwettersituation in ein abnehmendes Temperaturgefälle, unter dessen Einfluß der Schädigungsgrad deutlich anstieg (Tab. 4). Gleichzeitig nahm der prozentuale Befall stark zu. Der Index des Schädigungsgrades (SGi) wurde hier sicherlich von dem zunehmenden Befall ($p\%$) etwas beeinflußt, doch wurde der unterschiedliche Schädigungsgrad in der Regel nur von einer Larve hervorgerufen und ist in der Hauptsache ein Ausdruck des Temperaturrückganges.
Bei einem weiteren Saatzeitenversuch im Frühjahr 1974 (Tab. 5) war die Tendenz der Temperatur ansteigend. Entsprechend ging der Index des Schädigungsgrades zurück. Der prozentuale Befall zeigte keine so großen Unterschiede, nur bei der 4. Saatzeit wurde der niedrige SGi von einem niedrigen Befall begleitet, der den Schädigungsgrad wohl etwas herabsetzte. Es liegt nahe, allen Maßnahmen, die eine Verbesserung des Temperaturregimes für die Pflanze mit sich bringen, eine schadensmindernde Bedeutung zuzumessen. Die Häufung stark geschädigter Pflanzen im Vorgewende der Schläge, wo der Boden stärker verfestigt ist, geht mit großer Wahr-

Tabelle 4

Wirkung abnehmender Temperatur auf den Schädigungsgrad des Maises durch Fritfliegen, 1975, Frühbeet

Saatzeit	Temp. (°C) im krit. Stadium	Befall %	SGi
I	20,7	30,1	1,11
II	17,5	50,9	1,31
III	15,2	74,6	1,80

Tabelle 5

Schädigungsgrad (SGi) bei Mais in Abhängigkeit von der Temperatur in einem Saatzeitenversuch 1974

Saattermin		Temp. (°C) im krit. Stadium	SGi	*p* %
I	23. 4.	11,0	1,07	65,9
II	8. 5.	14,2	0,54	69,7
III	28. 5.	16,8	0,50	64,8
IV	14, 6.	16,1	0,30	31,6
V	3. 7.	16,3	0,68	71,4

Tabelle 6

Einfluß der Exposition auf den Schädigungsgrad des Maises durch die Fritfliege

Heiligenthal 1977			Gerbstedt 1977		
Exposition	*p* %	SGi	Exposition	*p* %	SGi
0°	64,0	0,88	3° NO	38,3	0,83
4° S	67,3	0,66	4° SSW	31,8	0,52
6° W	84,6	0,92			

scheinlichkeit zu einem beträchtlichen Teil auf ungünstige Wachstumsbedingungen einschließlich ungünstiger Temperaturbedingungen des Bodens zurück. In welligem Gelände ist der Schädigungsgrad der Pflanzen in den Hanglagen mit Südexpositionen niedriger als auf den nicht geneigten Schlagteilen, wie die Untersuchung von Maisschlägen 1977 deutlich macht (Tab. 6). Der Expositionseffekt beträgt 25%; bei Berücksichtigung des prozentualen Befalls entstehen an dem südexponierten Hang 2,6% weniger Ertragseinbußen als auf dem ebenen Teil des Schlages mit einem geschätzten Ertragsverlust von 11,4%. Der Westhang wird wegen seines deutlich höheren Befalls, der den Schädigungsgrad beeinflußt haben könnte, hier außer acht gelassen. Auf dem Schlag Gerbstedt beträgt der Expositionseffekt 37%. Diese Expositionsunterschiede können aber nur zur Wirkung kommen, wenn sich unter Schönwetterbedingungen zur Zeit des kritischen Stadiums Unterschiede im Mikroklima herausbilden können. Auch die Bodenfarbe kann unter dem Gesichtspunkt der Temperatur von Einfluß auf den Schädigungsgrad der Maispflanze sein. In einem Parzellenversuch mit Bitumen (Tab. 7) förderte die Bitumendecke den Aufgang der Pflanzen in der Frühsaat. Dadurch gewannen die Pflanzen einen Entwicklungsvorsprung gegenüber der unbehandelten Kontrolle, in dessem Ergebnis sie im kritischen

Tabelle 7
Einfluß einer Bitumenauflage auf den Schädigungsgrad des Maises durch die Fritfliege

	Behandlung	Aussaat-termin	Aufgangs-datum	kritisches Stadium	Temp.-Mittel im kritischen Stadium	SGi
Früh-saat	ohne Bitumen	5. 4. 72	5. 5.	17. bis 20. 5.	11,2 °C	1,17
	mit Bitumen	5. 4. 72	3. bis 4. 5.	18. bis 21. 5.	11,8 °C	1,00
Nor-mal Saat	ohne Bitumen	25. 4. 72	9. 5.	25. bis 28. 5.	13,1 °C	0,98
	mit Bitumen	25. 4. 72	8. 5.	25. bis 28. 5.	13,1 °C	0,98

Tabelle 8
Schädigungsgrad von Maisparzellen im Gebiet der DDR (1973) in Abhängigkeit von der Temperatur.
$\bar{x}$ errechnet unter Ausschluß der Stationen Manchnow und Leutewitz

Anbau-gebiet	Station	Kreis	Saat-termin	Temp. °C im kritischen Stadium (28. bis 32. Tag nach Saat)	$\bar{x}$	SGi	$\bar{x}$
	Prenzlau	Prenzlau	25. 4.	13,1		1,54	
I	Nuhnen	Frankfurt/O.	25. 4.	13,7	13,4	1,06	1,30
	Manchnow	Seelow	8. 5.	18,8		0,69	
	Marquardt	Potsdam	27. 4.	12,8		0,89	
	Reuden	Calau	25. 4.	13,6		0,81	
II	Zehdenick	Gransee	26. 4.	12,5	13,2	0,52	0,76
	Cobbel	Tangerhütte	25. 4.	13,0		0,77	
	Königstedt	Salzwedel	25. 4.	13,5		0,79	
	Glaubnitz	Riesa	28. 4.	13,7		0,76	
	Bernburg	Bernburg	24. 4.	16,1		0,71	
III	Dachwig	Erfurt	24. 4.	14,7	15,2	0,98	0,67
	Leutewitz	Meissen	14. 5.	17,4		0,24	
	Roda	Geithain	28. 4.	14,7		0,32	
Gebirgs vorland	Fambach	Schmalkalden	25. 4.	12,7	12,5	1,49	1,49

= 26. bis 30. Tag nach der Saat
= 18. bis 22. nach Tag der Saat

Stadium eine leichte Temperaturbegünstigung erfuhren und weniger geschädigt wurden. Bei der Normalsaat trat dieser Effekt nicht ein, weil bei überwiegend bedecktem Himmel sich kein mikroklimatischer Unterschied herausbilden konnte.
Wie kleinräumig durch das Mikroklima Unterschiede im Schädigungsgrad entstehen können, kann sich auch in größeren Territorien durch die Abstufung des Mikroklimas oder bei differenzierten Wetterlagen der Fritfliegenschaden unterschiedlich ausbilden.

Bonituren der Fritfliegenschäden in verschiedenen, über das Territorium der Deutschen Demokratischen Republik verteilten Anbaustationen machen diesen Zusammenhang deutlich (Tab. 8). Der höchste Schädigungsgrad trat im Gebirgsvorland und in dem unter maritimen Klimaeinfluß stehenden Anbaugebiet I auf, der niedrigste im Anbaugebiet III, wo auch die Temperaturen zur Zeit des kritischen Stadiums am höchsten lagen. Da der Zeitpunkt des kritischen Stadiums einheitlich angesetzt wurde — nur für die Stationen Manchnow und Leutewitz wurde dieses wegen erheblicher Verzögerung der Aussaat anders terminiert — sind einige Nichtübereinstimmungen vor allem damit zu klären. Der Index des Schädigungsgrades und die Temperatur sind in dieser Zusammenstellung mit $r = -0{,}40$ korreliert.
Für das Jahr 1974 ergaben sich die geringsten Beschädigungswerte ebenfalls für das Anbaugebiet III und höhere Werte bei niedrigeren Temperaturen für die Anbaugebiete I und II. Die Korrelation dieser Werte war mit $r = -0{,}53$ noch etwas enger.
Eine grundsätzlich andere Differenzierung der Schäden war im Jahre 1975 festzustellen, als es im Anbaugebiet III zur Zeit des kritischen Stadiums der Maispflanzen am kühlsten war und demzufolge die Beschädigungswerte hier größer ausfielen (Tab. 9).

Tabelle 9
Abhängigkeit des Schädigungsgrades der Maispflanzen in verschiedenen Anbauzonen der DDR von der Temperaturverteilung (1975)

Anbaugebiet	Temp. °C ($\bar{x}$) im krit. Stadium	SGi ($\bar{x}$)
I	12,7	1,12
II	11,1	1,28
III	10,7	1,48

Betrachtet man unter dem Gesichtspunkt der Klimazonierung das Verbreitungsgebiet der Fritfliege im europäischen Raum, so wird verständlich, daß aus dem Mittelmeer- und Schwarzmeerländern selten Fritfliegenschäden an Mais gemeldet werden, weil dort die Maispflanzen aufgrund der günstigen Temperaturbedingungen das kritische Stadium schnell durchlaufen. Je weiter nördlich Mais angebaut wird, desto größer ist die Wahrscheinlichkeit, daß das Wachstum der Pflanzen im Jugendstadium verlangsamt wird und schwerere Schäden auftreten.

4. Diskussion

Der herausragende Einfluß des Temperaturfaktors auf die Schädigung der Maispflanze durch die Fritfliege wurde bereits von SCHAPIRO u. a. (1959) deutlich gemacht. In Verbindung mit den Untersuchungen des Fraßverhaltens der Maden in der Pflanze (OHNESORGE, 1972) und den vorliegenden Ergebnissen werden die Einsichten in das Schadgeschehen vertieft, wobei dem Zusammenhang vom Weg der minierenden Larven und der komplizierten Wachstumsdynamik der noch nicht entfalteten Blätter eine besondere Bedeutung zukommt. Einfacher Minierfraß parallel zu den Blattnerven wirkt sich offenbar überhaupt nicht ertragsmindernd aus; Blattmassenverluste, meist durch quer verlaufende Gangminen bedingt, schon gravierender. Eine Zerstörung des Vegetationskegels bedingt Seitentriebbildung, die schwerste Ertragseinbußen nach sich zieht (DOLINKA, 1968; DOLINKA und ZSCHEISCHLER, 1970). Die

Seitentriebe entstehen aber auch schon durch einen Fraß der Maden in der Nähe der Plumula ohne deren Zerstörung, der Haupttrieb bleibt dann durch einen Übergipfelungseffekt zurück.
Die Reaktionen der Maispflanze auf den Befall konnten hier nicht dargestellt werden, doch spielen sie für das Verständnis der Schädigung keine unwesentliche Rolle. Neben dem Einfluß der Feuchtigkeitsbedingungen trägt der Antibiosis-Effekt entscheidend zur Mortalität der Larven bei, die bereits bei den Eilarven 40 bis 80% beträgt. Bei den folgenden Larvenstadien wird die Sterblichkeit von der Wachstumsgeschwindigkeit der Blätter mit beeinflußt. Die Empfindlichkeit der Sorte für die Auslösung der Seitentriebbildung trägt zur Entstehung stärkerer Schäden ebenfalls bei. Nicht zuletzt ist die Populationsgröße, die über den Eiablagedruck wirksam wird, zu nennen. Sie ist die Ausgangsgröße für den prozentualen Befall, nimmt aber auch — besonders bei starkem Befall — über eine größere Larvenzahl pro Pflanze auf die Ausprägung des Schadens Einfluß. Der von 0 bis 0,98 variierende Korrelationskoeffizient von Schädigungsgrad und prozentualem Befall ist ein Ausdruck dafür, daß in manchen Jahren der Populationsdichte, in anderen wieder der Temperatur die größere Bedeutung zukommt. Resistenzfaktoren und Feuchtebedingungen haben vergleichsweise zu diesen Größen eine wesentlich geringere Wirkung auf die Schädigung.
Die Vielschichtigkeit der Schadfaktoren und ihre gegenseitige Beeinflussung, die hier nur angedeutet ist, lassen wegen ihrer Komplexität kaum einfache Lösungen des Fritfliegenproblems zu, insbesondere bei Schadensprognosen und gezielter Resistenzzüchtung. Die Kenntnis der Hauptfaktoren und ihre Ausnutzung gestattet aber eine Beeinflussung der Schadenshöhe über vorbeugende oder Bekämpfungsmaßnahmen. Neben der Ausnutzung des Temperaturfaktors kann ein optimaler Saattermin (3. Aprildekade) zur Verringerung des Schadens wesentlich beitragen, da vielfach erst spätere Aussaaten mit der voll entfalteten Fritfliegenpopulation zusammentreffen. Da spätere Saaten aber im langjährigen Mittel mit ihrem kritischen Stadium unter höhere Temperaturen geraten, ergibt sich daraus ein scheinbarer Widerspruch. Die rechnerische Abschätzung beider Faktoren an zahlreichen Beispielen ließ jedoch erkennen, daß eine Einschränkung des Befalls durch den frühen Saattermin in der Wirkung dem geringen Temperaturanstieg bei späterer Saat deutlich überlegen war. Diese Einschätzung kann aber nur für den langjährigen Trend gültig sein, wechselnde Wettersituation eines konkreten Jahres kann auch im umgekehrten Sinne wirksam werden.

5. Zusammenfassung

Die Eiablage der Fritfliege zwischen dem 2- und 3-Blattstadium wird durch den Beginn des Eintrocknens der Koleoptile begrenzt, nasse Bedingungen verlängern diese Periode. Bei Trockenheit wird im Boden, bei hoher Feuchtigkeit höher an der Pflanze abgelegt; dann bohren sich die Larven auch höher am Pseudohalm ein, wodurch der Schädigungsgrad der Pflanzen verringert wird. Andererseits erhöht Trockenheit die Mortalitätsrate der Eilarven.
Eine große Wachstumsgeschwindigkeit im kritischen 3- bis 4-Blattstadium, die vorwiegend von der Temperatur bestimmt wird, setzt den Schädigungsgrad stark herab. In den wärmsten Gebieten, in sonnenexponierten Lagen und auf sich gut erwärmenden Böden treten die geringsten Fritfliegenschäden an Mais auf.

Резюме

Название работы: Температура и влажность как факторы, влияющие на повреждение кукурузы шведской мухой (*Oscinella frit* L.)

Яйцекладка шведской мухи между стадией второго и третьего листа ограничивается началом засыхания колеоптилей, влажность удлиняет этот период. В засушливых условиях яйца откладываются в почву, при высокой влажности — в более верхнюю часть растения, после этого личинки перемещаются на верхушку ложного стебля, благодаря чему степень повреждения растений уменьшается. С другой стороны засуха повышает смертность личинок первого поколения.

Высокая интенсивность роста в критической стадии третьего и четвертого листа, которая прежде всего определяется температурой, сильно снижает степень повреждения. В самых теплых областях, в хорошо облученных солнцем местах и в хорошо обогреваемых почвах, кукуруза меньше всего повреждается шведской мухой.

Summary

Title of the paper: Temperature and humidity — factors influencing maize damage from frit fly (*Oscinella frit* L.)

Oviposition of frit fly between the two- and three leaf stages of maize is limited by the time the coleoptile begins to dry up; that period is extended, however, in case of high humidity. The eggs are posed in the soil when it is dry, but in the case of higher humidity they are placed on the upper parts of the plant. In the latter case the larvae will penetrate into the false stem at a higher position, this reducing the extent of damage to the plant. On the other hand, dryness leads to higher mortality of the larvae (L_1).

A high rate of plant growth in the critical three- to four-leaf stage, which is dependent above all on temperature, strongly reduces the extent of damage. Maize damage from frit fly is smallest in the warmest areas, in places exposed to sunshine, and on soils which heat up well.

Literatur

DOLINKA, B.: Beitrag zur Fritfliegenresistenz bei Maislinien und Hybriden. Pflanzenschutzberichte, 38 (1968), S. 115—122

DOLINKA, B.; ZSCHEISCHLER, I.: Zur Beurteilung des durch die Fritfliege (*Oscinella frit* L.) bei Mais in der BRD verursachten Schadens und Möglichkeiten zur Resistenzzüchtung gegen die Fritfliege. Z. Pflanzenkrankh. u. Pflanzenschutz 77 (1970), S. 481—489

OHNESORGE, B.: Beobachtungen über das Fraßverhalten der Fritfliegenmade, *Oscinella frit* L. (*Dipt., Chloropidae*) in der Maispflanze. Z. angew. Entomol. 70 (1972), S. 344—346

OSCHMANN, M.: Zur Biologie, Ökologie und Ethologie der Fritfliege (*Oscinella frit* L., *Dipt., Chloropidae*). Arch. Phytopathol. u. Pflanzenschutz 10 (1974), S. 103—116

SCHAPIRO, J. D.; KOLOMYZEW, G. G.; RYSCHKOWA, J. W.: Die Bedeutung der Wachstumsgeschwindigkeit des Blattes für die Resistenz des Maises gegen den Fritfliegenbefall. Sowjetw., Naturw. Beitr. 11 (1959), S. 1208—1212

Anschrift des Verfassers:
Dr. M. OSCHMANN
Institut für Getreideforschung Bernburg-Hadmersleben
der AdL der DDR
4351 Bernburg-Strenzfeld

Arch. Phytopathol. u. Pflanzenschutz, Berlin 16 (1980) 1, S. 45–50

Institut für Pflanzenschutzforschung Kleinmachnow — Bereich Eberswalde — der Akademie der Landwirtschaftswissenschaften der Deutschen Demokratischen Republik

HANNELORE KURTH

Untersuchungen zur Anwendbarkeit von Effektivtemperatursummen für die Terminbestimmung beim Kartoffelkäfer, *Leptinotarsa decemlineata* Say

Eingegangen: 5. 7. 1979

1. Einleitung

Den vielfältigen in der Literatur beschriebenen Untersuchungen über das Befallsverhalten des Kartoffelkäfers kann entnommen werden, daß die Temperatur eine der wesentlichsten ökologischen Einflußgrößen darstellt. Ihre Wirkungen auf Aktivität, Verbreitung, Entwicklung, Fortpflanzung und Nahrungsverbrauch des Schädlings wurden u. a. von GRISON (1950), DE WILDE (1950), WĘGOREK (1959), ZURAVLEV (1966), SAVESCU (1969), ARAPOVA (1971, 1975) und CHLODNY (1967, 1975) analysiert. Besondere Beachtung findet das Problem der Effektivtemperatursummen, mit deren Hilfe die Terminbestimmung einzelner Stadien des Käfers indirekt, d. h. ohne Feldbeobachtung, möglich wird.

Die Effektivtemperatursummen zur Bestimmung von Entwicklungsprozessen bei Insekten lassen sich unter Laborbedingungen gut ermitteln. Die Individuen werden meist über längere Zeitabschnitte, mindestens bis zum Abschluß des betrachteten Prozesses, konstanten Temperaturen unterschiedlicher Höhe ausgesetzt.

Insbesondere durch die detaillierten Untersuchungen von CHLODNY (1975) wurde nachgewiesen, daß die Entwicklungsgeschwindigkeit des Kartoffelkäfers unter solchen Laborbedingungen nicht gleichbleibend proportional von der Umgebungstemperatur abhängig ist. Bei höheren Temperaturen treten Hemmeffekte auf. Die funktionale Abhängigkeit der Entwicklungsgeschwindigkeit von der konstanten Temperatur der Umgebung wurde daher als logistisch beschrieben. Nun sind Effektivtemperatursummen, die unter thermokonstanten Laborbedingungen ermittelt wurden, nicht ohne weiteres auf Freilandpopulationen übertragbar, die dem natürlichen Temperatur-Tagesgang ausgesetzt sind. Andererseits muß auch die Anwendbarkeit von solchen Temperatursummen angezweifelt werden, die auf der Basis von Tagesmitteltemperaturen des Freilands berechnet wurden (z. B. ARAPOVA, 1971), da keine Angaben über Art und Höhe der täglichen Temperaturschwankungen gemacht werden. Insbesondere müssen Häufigkeit und Dauer des Überschreitens des Entwicklungsnullpunktes beachtet werden. Er wird von der Mehrzahl der Autoren bei 11,5 °C festgelegt.

Um zu einer möglichst exakten Terminbestimmung beim Kartoffelkäfer zu gelangen, ist es erforderlich, eine neue Methode der Temperaturverrechnung zu erarbeiten. Die

Spezifik des Verhaltens des Schädlings unter Laborbedingungen muß dabei berücksichtigt werden.

2. Material, biologische Hypothese und Methode

Ausgangspunkt unserer Untersuchungen waren die z. T. stark differierenden Beobachtungsergebnisse von DE WILDE (1950), ZURAVLEV (1966) und CHLODNY (1975) (Tab. 1), aus denen wir zunächst die entsprechenden Effektivtemperatursummen für die getesteten Versuchstemperaturen ableiteten (Tab. 2).
Bei der weiteren Bearbeitung gingen wir von folgender biologischer Hypothese aus: Die in der biochemisch-physiologischen Ebene begründete Hemmung der Entwicklungsgeschwindigkeit bei höheren Temperaturen (die sich in Tab. 2 im Ansteigen der Effektivtemperatursummen äußert), hat für Freilandverhältnisse eine untergeordnete Bedeutung. Im Freiland treten höhere Temperaturwerte tageweise nur über kurze Zeiträume auf. Im Laborversuch herrschten sie dagegen über die gesamte Entwicklungsperiode, und führten so zu dem beobachteten Effekt.
Wir setzen voraus, daß zwischen den verschiedenen, im natürlichen Tagesgang kurzzeitig wirksamen Temperaturniveaus und der Entwicklungsgeschwindigkeit der Käferstadien ein linearer Zusammenhang existiert. Die für die Entwicklung erforderlichen Effektivtemperatursummen bilden unter dieser Bedingung konstante Werte.

Tabelle 1
Entwicklungsdauer (Tage) der Stadien des Kartoffelkäfers bei Konstanttemperaturen (nach DE WINDE (1); ZURAVLEV (2) und CHLODNY (3)

Temp. (°C)	Stadium								
	Imago (Praeovipositionszeit)	Ei			Larven (L_1 bis L_4)			Praepuppe u. Puppe	
	1	1	2	3	1	2	3	1	2
14			15,9			40,1			27,0
15	10,0	19,0	13,0	9,0	40,0	31,8	27,0		25,0
16			10,9			27,6			23,8
17			10,1			23,4			21,7
18	7,0	11,5	9,4		22,0	20,1		25,0	20,0
19			8,5			17,7			18,2
20	5,0	9,0	6,9	8,5	17,0	16,0	23,0	18,0	16,1
21			5,8			14,9			14,5
22	4,0	7,5	5,0		14,0	13,9		13,5	13,0
23			4,7			13,1			12,2
24			4,4			12,3			11,5
25	3,0	6,0	4,2	3,8	11,5	11,7	17,0	11,5	10,8
26			4,0			11,0			10,0
27									
28									
29									
30				3,8			13,0		
$\bar{x}$:	5,8	10,6	7,9	6,3	20,9	19,5	19,5	17,0	17,2

Tabelle 2

Effektivtemperatursummen (Gradtage) für die Entwicklung der Stadien des Kartoffelkäfers bei Konstanttemperaturen ($t_0 = 11{,}5$ °C), berechnet nach Beobachtungsergebnissen von DE WILDE (1), ZURAVLEV (2) und CHLODNY (3)

Temp (°C)	Stadium								
	Imago (Praeovipositionszeit)	Ei			Larven (L_1 bis L_4)			Praepuppe und Puppe	
	1	1	2	3	1	2	3	1	2
14			39,8			100,3			67,5
15	35,0	66,5	45,5	31,5	140,0	101,8	94,5		87,5
16			49,1			124,2			107,1
17			55,6			128,7			119,4
18	45,5	74,8	61,1		142,5	130,7		162,5	130,0
19			63,8			132,8			136,5
20	42,5	76,5	58,7	72,3	144,5	136,0	195,5	153,0	136,9
21			55,1			141,6			137,8
22	42,0	78,8	52,5		147,1	146,0		141,8	136,5
23			54,1			150,7			140,3
24			55,0			153,8			143,8
25	40,5	81,0	56,7	51,3	154,8	158,0	229,5	155,3	145,8
26			58,0			160,0			145,0
27									
28									
29									
30				70,3			240,5		
$\bar{x}$:	41,1	75,5	54,2	56,4	145,8	135,7	190,0	153,2	125,7

Wir legten konstante Temperatursummen unterschiedlicher Höhe hypothetisch fest, indem wir uns an den in Tabelle 2 zusammengestellten Werten orientierten.

Die Betrachtung des Temperatureinflusses wurde nun in entsprechend kurzen Zeitintervallen vorgenommen. Wir berechneten zunächst für alle Käferstadien und alle hypothetischen Temperatursummen die Entwicklungsraten pro Zeitintervall (2 h) sowie für alle ganzzahligen Temperaturstufen zwischen 12 und 33 °C.

(Beispiel: Bei einer hypothetischen Effektivtemperatursumme von 60 gt für die Dauer des Eistadiums und $t_0 = 11{,}5$ °C dauert die Entwicklung bei 20 °C 7,06 Tage. 24 h mit einer Temperatur von 20 °C tragen demnach mit 17,06 oder 14,16% zum Abschluß der Entwicklung bei, 2 h mit 1,18%).

Eine erste Überprüfung der hypothetischen Temperatursummen konnten wir anhand von Freilandbeobachtungen des Jahres 1977 vornehmen. Während der gesamten Vegetationsperiode 1977 war in zwei- bis dreitägigem Abstand auf einer Versuchs-Kartoffelparzelle das Auftreten sämtlicher Entwicklungsstadien des Kartoffelkäfers erfaßt worden. Der tägliche Temperaturverlauf wurde mit Hilfe eines Thermohygrographen im Bestand registriert. Da es sich um eine künstlich ins Freiland gebrachte Käferpopulation handelte, war der Startpunkt der Entwicklung bekannt. Der erste betrachtete Entwicklungsabschnitt war die Praeovipositionsperiode der weiblichen Imagines.

Wir summierten nun, entsprechend der aufgezeichneten Temperaturwerte, den jeweils in 2-h-Intervallen erreichten Entwicklungsfortschritt. Anschließend wurde überprüft, inwieweit der Zeitpunkt, an dem die ersten Eigelege im Freiland gefunden wurden, mit dem Wert 100% übereinstimmte. Durch diesen Vergleich zwischen theoretisch berechnetem und beobachtetem Termin wurden die zutreffendsten Temperatursummen für alle betrachteten Entwicklungsabschnitte ermittelt.

3. Ergebnisse und Diskussion

Nach der beschriebenen Methode der Temperaturverrechnung in 2-h-Intervallen zeigten die im folgenden aufgeführten Effektivtemperatursummen mit den im Freiland beobachteten Entwicklungsverläufen des Kartoffelkäfers eine gute Übereinstimmung:

- 40 gt für die Dauer der Praeovipositionsperiode der Imagines (mit der Summierung wurde begonnen ab Massenerscheinen der Käfer, in unserem Falle nach dem künstlichen Ansetzen der Tiere. Indirekt kann der Zeitpunkt des Massenerscheinens bestimmt werden, wenn im Frühjahr mindestens 7 Tage lang hintereinander $\geqq 15$ °C Tagesdurchschnittstemperaturen geherrscht haben. Voraussetzung für den Beginn der Summierung ist das Vorhandensein von aufgelaufenen Wirtspflanzenbeständen).
- 60 gt für die Entwicklungsdauer der Eier
- 80 gt für die Dauer der Junglarvenstadien (L_1 u. L_2)
- 115 gt für die Dauer der Altlarvenstadien (L_3 u. L_4) sowie
- 100 gt für die Dauer des Praepuppen- und Puppenstadiums.

Tabelle 3 enthält die 2-h-Entwicklungsraten, wie sie sich auf der Grundlage dieser Werte ergeben.

Folgende Übereinstimmung mit den beobachteten Terminen war gegeben. Die festgestellte Dauer bis zum Auftreten der ersten Eigelege stimmte zu 93,7% mit der für die Praeovipositionsperiode erforderlichen Effektivtemperatursummen überein (beobachtete Dauer = 9 Tage). Die beobachtete Dauer des Eistadiums (10 Tage) entsprach 102,7%, die Dauer der Junglarvenstadien 107,3% (12 Tage), die Dauer der Altlarvenstadien 82,1% (13 Tage) und die Dauer des Praepuppen- sowie Puppenstadiums 95,3% (15 Tage).

Die Abweichungen von 100% erklären sich u. a. daraus, daß der Temperaturverlauf nicht exakt am Aufenthaltsort der Eier, Larven, Puppen oder Imagines erfolgte. Auch lagen die Bonituren zeitlich zu weit auseinander, um noch präzisere Aussagen erhalten zu können. Weiterführende Untersuchungen unter Freilandbedingungen und temperaturvariablen Laborverhältnissen sind deshalb notwendig.

4. Zusammenfassung

Effektivtemperatursummen wurden beim Kartoffelkäfer vorwiegend unter temperaturkonstanten Laborbedingungen ermittelt. Sie bilden hier keine konstanten Werte. Bei höheren Temperaturen wurden Entwicklungshemmungen beobachtet. Die Übertragung solcher Temperatursummen auf Freilandpopulationen ist nur mit Hilfe eines geeigneten methodischen Ansatzes möglich. Es wird eine Summationsmethode zur

Tabelle 3

Zweistündige Entwicklungsraten der Stadien des Kartoffelkäfers im Temperaturbereich von 12 bis 33 °C auf der Grundlage konstanter Effektivtemperatursummen (t_0 = 11,5 °C)

Temp. (°C)	Entwicklungsraten (Prozent)				
	Altkäfer Praeovp. TS = 40 gt	Eier TS = 60 gt	L_1 L_2 TS = 80 gt	L_3 L_4 TS = 115 gt	Praep. Puppe TS = 100 gt
12	0,10	0,07	0,05	0,03	0,04
13	0,31	0,21	0,16	0,11	0,13
14	0,52	0,35	0,26	0,18	0,21
15	0,73	0,49	0,36	0,25	0,29
16	0,94	0,63	0,47	0,33	0,38
17	1,15	0,76	0,57	0,40	0,46
18	1,36	0,90	0,68	0,47	0,54
19	1,56	1,04	0,78	0,54	0,63
20	1,77	1,18	0,89	0,62	0,71
21	1,98	1,32	0,99	0,69	0,79
22	2,19	1,46	1,09	0,76	0,88
23	2,40	1,60	1,20	0,83	0,96
24	2,60	1,74	1,30	0,91	1,04
25	2,82	1,88	1,41	0,98	1,13
26	3,02	2,01	1,51	1,05	1,21
27	3,23	2,15	1,62	1,12	1,29
28	3,44	2,29	1,72	1,20	1,38
29	3,64	2,43	1,82	1,27	1,46
30	3,86	2,57	1,93	1,34	1,54
31	4,07	2,71	2,03	1,41	1,62
32	4,27	2,84	2,14	1,49	1,71
33	4,48	2,99	2,24	1,56	1,79

Verrechnung des aktuellen Temperatur-Tagesganges in 2-h Intervallen diskutiert. Dabei werden konstante Temperatursummen zugrunde gelegt.

Резюме

Название работы: Изучение применяемости суммы эффективных температур для определения срока появления колорадского жука *Leptinotarsa decemlineta* Say

Сумма эффективных температур у картофельного жука прежде всего была установлена при постоянных температурах в лабораторных условиях. При более высоких температурах наблюдалось торможение развития. Перенос таких сумм температур на полевые популяции возможен только с помощью подходящей методики. Обсуждается метод суммирования для расчета актуального хода температур в течение дня в двухчасовых интервалах. При этом исходят из постоянных сумм температур.

Summary

Title of the paper: Investigations regarding the applicability of effective temperature sums for timing the Colorado beetle *Leptinotarsa decemlineata* Say

In the case of Colorado beetle, effective temperature sums have been determined mostly in the laboratory at constant temperatures. Under these conditions they do not give constant values. Development was found to be inhibited by higher temperatures. Transmission of such temperature sums to field populations will be successful only when using an adequate methodical approach. A summation method is therefore discussed for calculating the actual daily dynamics of temperature at two-hour intervals. This method is based on constant temperature sums.

Literatur

ARAPOVA, L. J.: Opredelenie srokov rasvitija koloradskogo žuka. Zašč. rast. Moskva 8 (1971), S. 13–14

ARAPOVA, L. J.: Ob odnom statističeskom podchode k rešeniju zadač prognoza srokov pojavlenija i razvitija koloradskogo žuka. In: Količestvennye metody... Leningrad, Izdatel'stvo „Nauka" (1975), S. 7–8

CHLODNY, J.: The amount of food consumed and production output of larvae of the Colorado beetle, *Leptinotarsa decemlineata* SAY. Ecol. Pol. A Warszawa 15 (1967), S. 531–541

CHLODNY, J.: Bioenergetics of the larval development of the Colorado beetle, *Leptinotarsa decemlineata* SAY. Ann. Zool. Warszawa 33/10 (1975), S. 149/187

GRISON, P.: Influence de la température sur l'activité du doryphore, *Leptinotarsa decemlineata* SAY. au stade imaginal. Proc. VIII Internat. Congr. Entomol. Stockholm 1948 (1950), S. 226–234

SAVESCU, A.: Dimensionale Variationen beim Kartoffelkäfer als Funktion hygrothermischer Bedingungen. Cercetari de ecologie animalâ Bucureşti (1969), S. 369–379 rum.

WĘGOREK, W.: Stonka ziemniaczana, *Leptinotarsa decemlineata* SAY. Prace Nauk. Inst. Ochr. Roslin Poznan 1/2 (1959)

WILDE, J. DE: Developpement embryonaire et postembryonaire doryphore (*Leptinotarsa decemlineata* SAY) en fonction de la temperature. Proc. VIII Internat. Congr. Entomol. Stockholm 1948 (1950), S. 310–321

ŽURAVLEV, V.: Opredelenie srokov razvitija koloradskogo žuka. Zašč. rast. 11 (1966), S. 49–50

Anschrift des Verfassers:

Dr. H. KURTH
Institut für Pflanzenschutzforschung Kleinmachnow
der AdL der DDR
Bereich Eberswalde
1300 Eberswalde-Finow 1
Schicklerstraße 5

Arch. Phytopathol. u. Pflanzenschutz, Berlin 16 (1980), 1, S. 51–57

Institut für Pflanzenschutzforschung Kleinmachnow
der Akademie der Landwirtschaftswissenschaften
der Deutschen Demokratischen Republik

REINER PILZ

Vergleichende Untersuchungen zur Hemmbarkeit von Acetylcholinesterasen verschiedener Herkunft mit insektiziden Wirkstoffen

Eingegangen: 15. 6. 1979

1. Einleitung

Ursache der Wirkung von Insektiziden, Akariziden und Nematiziden aus den Stoffgruppen der organischen Phosphorverbindungen und der Karbaminsäurederivate (Karbamate) ist die Hemmung der am regulierten neuralen Transmissionsprozeß beteiligten Acetylcholinesterase (AChE: EC 3.1.1.7) (O'BRIEN, 1967). Da dieses Enzym bei Wirbellosen und Wirbeltieren gleichermaßen vorkommt, stellt sich das Problem, bei hoher Schaderregereffizienz die Umweltbelastung möglichst gering zu halten. Die Lösung dieses Problems wird durch die Ausnutzung objektbedingter Differentialmerkmale angestrebt. Derartige Differentialmerkmale wurden in der Wirkstoffaufnahme, dem im Organismus stattfindenden Transport und in Wirkstoffdemaskierenden bzw. -abbauenden Stoffwechselprozessen gefunden. Aber auch das target AChE selbst bietet Ansatzpunkte.

Als Kennzeichen einer hohen Differenziertheit in bezug auf das toxikologische Problem wurden Wirkstoffgruppen von verschiedenen Autoren in ihrer Wirkung auf die AChEn aus Rindererythrozyten und Fliegenköpfen geprüft. Als Maß diente die „enzyme selective ratio" (= ESR), indem der Index aus den spezifischen Hemmwerten gebildet wurde. Maximalwerte der ESR wurden für Ethylphosphonverbindungen von 680 (DARLINGTON u. a., 1971) und für Alkoxyiminomethylphenyl-N-methylkarbamate von 2500 (LEE u. a., 1974) festgestellt. Dabei gehen die Autoren davon aus, daß die Fliegenkopf-AChE ein insektentypisches Verhalten zeigt, während die Rindererythrozyten-AChE stellvertretend für Säuger eingesetzt wird.
Vergleichende Untersuchungen der Säuger-AChEn ergaben nur geringe art- bzw. organspezifische Differenzen.

Wie ADAMS und THOMPSON (1948) am Menschen bzw. PEVZNER und ROZENGART (1974) am Kaninchen nachweisen konnten, bestehen zwischen den AChEn des ZNS und der Erythrozyten der gleichen Art keine Unterschiede. Auch die von SMITH u. a. (1952) für Rindererythrozyten-AChE und von MACFARLANE u. a. (1950) für Rattenhirn-AChE ermittelten Inhibitionswerte gegenüber Edrophonium unterscheiden sich kaum voneinander (Rind = $3{,}4 \times 10^{-5}$, Ratte 5×10^{-5}). Untersuchungen der Erythrozyten-AChEn von Mensch, Rind und Schwein durch FUJII u. a. (1971) und AUGUSTINSON u. a. (1973) lieferten übereinstimmende Werte. CARTER und MADDUX (1974), die die Anticholinesterase-Wirkung von Dichlorvos und anderen AChE-Inhibitoren an

Erythrozyten-AChE von Rind und Mensch ermittelten, konnten ebenfalls keine Differenzen feststellen.
Zwischen verschiedenen Insekten sind vergleichende Untersuchungen zur AChE-Inhibitor-Reaktion nur in geringem Umfange durchgeführt worden. LEE und METCALF (1973) bezogen in ihre Untersuchungen zur Wirkung von Analoga der 0,0-Dimethyl-S-aryl-Phosphorthioverbindungen neben der Fliegenkopf-AChE diejenige aus dem Kopf der Hausgrille mit ein und ermittelten die höchste ESR mit 25. Größere Unterschiede zwischen der Schabe *Nauphoeta* spec. und der Heuschrecke *Locusta* spec. (ESR = 420) konnten BRICK u. a. (1975) mit einem Phosphorsäureester nachweisen.
Besonders auffällige und extreme Beispiele für die weite Spanne der Reaktionsfähigkeit von Insekten-AChEn und ihre praktische Bedeutung für die organismische Gesamtreaktion lieferten vergleichende Untersuchungen resistenter und sensibler Populationen der gleichen Art. Ausgelöst durch die in der Praxis zunehmende Erscheinung der Resistenz wurden die verursachten Mechanismen analysiert. Resistenzausbildungen auf der Grundlage mutativ desensibilisierter AChE wurde bereits für zahlreiche Arten unterschiedlicher systemischer Stellung nachgewiesen: *Diptera* (ZAHAVI u. a., 1971; TRIPATHI und O'BRIEN, 1973; DEVONSHIRE, 1975; AYAD und GEORGHIOU, 1975) *Orthoptera* (IWATA und HAMA, 1972), *Lepidoptera* (GUZMAN-VARON u. a., 1974), *Acari* (SMISSAERT, 1964; PILZ u. a., 1978; LEE und BATHAM, 1966; NOLAN u. a., 1972).
Diese Ergebnisse lassen innerhalb der Insekten größere artspezifische Unterschiede hinsichtlich der AChE-Inhibitor-Reaktion vermuten. Dieser Frage sollte durch die Analyse eines ausgewählten Arten- und Wirkstoffspektrums nachgegangen werden.

2. Material und Methoden

Versuchstiere

Für die Untersuchung der neuralen AChE wurden als Versuchstiere die Ratte (Wistar-Stamm), die Stubenfliege (*Musca domestica* L.), die Amerikanische Schabe (*Periplaneta americana* L.), der Kartoffelkäfer (*Leptinotarsa decemlineata* Say), die Honigbiene (*Apis mellifera* L.), die Larve der Wintersaateule (*Scotia* (*Agrotis*) *segetum* Schiff.) und ein freilebender Nematode (*Rhabditis oxycerca* De Men) ausgewählt.

Enzymquelle

Als Enzymquelle dienten Homogenate aus dem präparierten ZNS (Ratte: Hirn; Schabe: Oberschlund- und Abdominalganglion; Fliege, Biene, Kartoffelkäfer: Kopf; Erdraupe: Larvalganglion) sowie der autonomen Muskulatur (Ratte) bzw. aus Ganztieren (Nematode). Das präparierte Material wurde in einem Homogenisationspuffer (0,2 m Borat-HCl-Puffer nach SÖRENSEN, *p*H 8,5; 20% Saccharose; 1% Triton-X-100) im Verhältnis 1:5 (Gewicht/Volumen) homogenisiert, mit der gleichen Menge Wasser verdünnt, anschließend zentrifugiert (15000 g, 30 min) und der Überstand als Enzymquelle eingesetzt. Alle Arbeiten sind bei Temperaturen um den Gefrierpunkt durchgeführt worden.

Wirkstoffe

Neben dem enzymologisch und pharmakologisch bedeutsamen Karbamat Physostigmin kamen unterschiedliche insektizide Wirkstoffe aus der Gruppe der Karbamate und Phosphorsäureester als Inhibitoren der AChE zum Einsatz.

Karbamate: Carbaryl (1-Naphthyl-N-methylcarbamat), Oxamyl (Methyl-N',N'-dimethyl-N-[(methylarbamoyl)oxy]-1-thiooxaminidat). Phosphorsäureester: Dichlorvos (= DDVP: 0-(2,2-Dichlorvinyl)-0,0-dimethylphosphat), Dimethoxon (0,0-Dimethyl-S-(N-carbamoylmethyl)-monothiophosphat), Tetrachlorvinphos (= Gardona-2-Chloro-1-(2,4,5-trichlorphenyl)-vinyl-0,0-dimethylphosphat).

Die Aktivitätsbestimmung der AChE und Inhibition *in vitro* wurde auf der Grundlage der ELLMAN-Methode (Ellman u. a., 1961) mit Acetylthiocholin als Substrat durchgeführt. Mit dem registrierenden Spektralphotometer „Specord UV-Vis" (Zeiss, Jena) ließ sich die zeitabhängige Extinktionszunahme bei 412 nm als Maß der AChE-Aktivität des eingesetzten Homogenats aufzeichnen.

Für die Messung der Inhibition durch Wirkstoffe wurden diese in abgestuften Konzentrationen zur Reaktionslösung gegeben und die dosisabhängige, prozentuale Hemmung anhand der verminderten AChE-Aktivität im Vergleich zur Kontrolle ermittelt.

Im Rechner sind mittels der Regressionsanalyse der I_{50}-Wert mit Vertrauensbereich ($P = 95$) als Vergleichsmaß der spezifischen AChE-Inhibitor-Reaktion errechnet worden.

Der I_{50}-Wert gibt diejenige Wirkstoffkonzentration in Mol an, die notwendig ist, um die Enzymaktivität *in vitro* um 50% zu hemmen.

3. Ergebnisse und Diskussion

Die artspezifischen Reaktionen der AChEn verschiedener Herkunft auf die *in-vitro*-Inhibition mit ausgewählten Wirkstoffen auf der Basis von I_{50}-Werten sind in Tabelle 1 dargestellt.

Die AChEn des zentralen und peripheren Nervensystems der Ratte unterscheiden sich bei allen Wirkstoffen etwa um den Faktor 2. Auf die geringere Empfindlichkeit der peripheren AChE hatte Varela (1973) bereits hingewiesen. Allerdings ließen sich die Ergebnisse hinsichtlich unserer Fragestellung nicht quantifizieren.

Die Nematoden-AChE nimmt insofern eine Sonderstellung ein, als gegenüber dem spezifischen Inhibitor Physostigmin von allen untersuchten Herkünften die geringste Empfindlichkeit nachgewiesen wurde und andere Wirkstoffe (Dichlorvos, Tetrachlorvinphos) besser als Physostigmin inhibierten.

Zwischen den Arten sind oft beträchtliche Unterschiede in Abhängigkeit vom Wirkstoff festzustellen. In ESR ausgedrückt, betragen die maximalen Werte für Physostigmin etwa 300 (Nematode/Fliege), für Carbaryl 485 (Kartoffelkäfer/Biene), für Oxamyl 410 (Erdraupe/Fliege), für Dichlorvos 220 (Kartoffelkäfer/Fliege), für Dimethoxon 125 (Schabe/Fliege) und für Tetrachlorvinphos bedeutend mehr als 200 (z.B. Ratte/Fliege).

Tetrachlorvinphos konnte wegen der geringen Wasserlöslichkeit nur bis zur Konzentration von etwa 10^{-4} Mol/l getestet werden. Bei dieser Konzentration wurden für die AChEn des Rattenhirns und -muskels, des Schaben-ZNS und des Kartoffelkäferkopfes Inhibitionswerte von weniger als 20% erreicht und somit eine Bestimmung des I_{50}-Wertes nicht möglich. Es ist nicht eindeutig, ob sich diese geringe Wirkung allein auf die Enzym-Inhibitor-Reaktion beschränken läßt. Den Untersuchungen von Boyer (1975) zufolge ist Tetrachlorvinphos in der Lage, Bindungen mit Proteinen

Tabelle

I_{50}-Werte mit Vertrauensbereich für verschiedene Acetylcholinesterasen und

	AChE-Herkunft	Karbamate		
		Physostigmin	Carbaryl	Oxamyl
Rattus	Hirn	6,19 (4,71; 8,61)	231 (214; 249)	34,8 (32,1; 37,8)
	Muskel	13,5 (12,5; 14,7)	405 (368; 449)	62,6 (57,2; 68,3)
Periplaneta americana	ZNS	3,96 (3,36; 4,60)	44,2 (40,1; 49,1)	36,5 (23,4; 61,0)
Leptinotarsa decemlineata	Kopf	5,02 (3,85; 6,42)	3100 (2700; 3570)	707 (554; 908)
Musca domestica	Kopf	0,268 (0,252; 0,285)	39,8 (37,3; 42,3)	4,61 (4,28; 4,99)
Apis mellifera	Kopf	0,742 (0,652; 0,847)	6,41 (5,98; 6,88)	112 (103; 121)
Scotia segetum	Larven-ganglion	13,8 (11,5; 16,5)	92,6 (85,8; 99,8)	1890 (1780; 2010)
Rhabditis oxycerca	Ganztier	78,8 (70,6; 87,6)	384 (349; 421)	797 (729; 870)

einzugehen. Dieses Verhalten könnte die Ursache drastischer Wirkstoffverdünnungen in den von uns eingesetzten proteinreichen Homogenaten als Enzymquelle sein. Im Gegensatz zum relativ einheitlichen Verhalten der AChEn von Säugern lassen die Ergebnisse durch den Vergleich der Rangfolge der Inhibitoren und ihrer quantitativen Abstufungen innerhalb der untersuchten Herkünfte auf die Existenz einer ausgeprägten Artspezifität der AChEn bei den Insekten schließen mit der Konsequenz, daß die AChE des Fliegenkopfes nicht als insektentypisch reagierende AChE angesehen werden darf.

In bezug auf die Reaktion der AChEn der Ratte, stellvertretend für Säuger, zeigt sich besonders die der Fliege als bedeutend empfindlicher, während beispielsweise die des Kartoffelkäfers widerstandsfähiger ist. Das gilt allerdings nur für die von uns eingesetzten Wirkstoffe. Der Einfluß des Wirkstoffes auf die Qualität und Quantität der Differenz wird deutlich, wenn die Inhibition der AChEn von Ratte (Muskel) und Fliege durch Dichlorvos (ESR = 75) oder durch Dimethoxon (ESR = 8,7) bzw. von Ratte und Kartoffelkäfer durch Physostigmin (ESR = 2,7) oder durch Oxamyl (ESR = 0,09) untereinander verglichen werden. Das größere Unterschiede erreichbar sind, zeigten die Untersuchungen von LEE u. a. (1974) mit Alkoxyimino-methylphenyl-N-methylkarbamaten mit maximaler ESR von 2500 zwischen Fliegen- und Rindererythrozyten-AChE.

Die Differenz zwischen den Insekten-AChEn auf der Basis der ausgewählten insektiziden Wirkstoffe liegen in der Größenordnung, die nach den Erfahrungen bei der Resistenzausbildung über mutative AChE-Desensibilisierung in einem für die praktische Bedeutung interessanten Bereich liegen. Es scheint berechtigt zu sein, bei einigen Arten und Wirkstoffen (z. B. Schabe und Kartoffelkäfer für Dimethoxon)

Inhibitoren (in Konzentrationen von 10^{-8} Mol/l)

Phosphorsäureester		
Dichlorvos	Dimethoxon	Tetrachlorvinphos
116 (107; 126)	146 (135; 158)	>10000
200 (185; 217)	253 (231; 280)	>10000
184 (151; 222)	3670 (3310; 4070)	>10000
585 (531; 644)	2620 (2180; 3140)	>10000
2,67 (2,50; 2,85)	29,1 (27,1; 31,3)	49,0 (45,9; 52,2)
25,1 (23,6; 26,7)	163 (152; 174)	65,3 (60,7; 70,3)
208 (174; 248)	889 (784; 1003)	548 (452; 660)
30,4 (28,1; 32,9)	561 (518; 613)	56,8 (34,8; 82,8)

von einer natürlichen Resistenz zu sprechen, und somit in der spezifischen AChE-Inhibitor-Reaktion einen möglichen Faktor im Ursachenkomplex für die geringe Empfindlichkeit einiger Insektenarten gegenüber bestimmten Karbamat- und PO-Insektiziden anzunehmen.

4. Zusammenfassung

Die neuralen Acetylcholinesterasen (AChE) der Ratte, eines frei lebenden Nematoden und von 5 Insektenarten wurden anhand ihrer *in-vitro*-Reaktion gegenüber 6 insektiziden Wirkstoffen miteinander verglichen. Die deutlichen Differenzen lassen auf eine ausgeprägte Artspezifität der Insekten-AChE schließen. In der spezifischen AChE-Inhibitor-Reaktion wird ein Faktor im Ursachenkomplex für die Empfindlichkeitsunterschiede zwischen verschiedenen Arten gegenüber Phosphorsäureester- und Karbamat-Insektiziden vermutet.

Резюме

Название работы: Сравнительное изучение ингибируемости ацетилхолинэстераз различного происхождения инсектицидными ингибиторами

Нейральные ацетилхолинэстеразы крыс, свободно живущей нематоды и 5 видов насекомых сравнивались посредством реакции *in vitro* по отношению к действующим веществам 6 инсектицидов. Чёткие различия указывают на выраженную видовую специфичность ацетилхолинэстеразы насекомых. Предпологается, что специфическая реакция: ацетилхолинэстераза-ингибитор, является фактором в комплексе причин различной чувствительности отдельных видов к фосфорорганическим и карбаматным инсектицидам.

Summary

Title of the paper: Comparative investigations regarding the inhibition of acetylcholine esterases of different origin by means of insecticidal compounds
The neural acetylcholine esterases (AChE) of rat, of a free-living nematode, and of five insect species were compared for their *in vitro* reaction to six different insecticidal compounds. The significant differences obtained indicate a marked specificity of AChE from insects. Specific AChE inhibitor reaction seems to be involved in the differences found between the species with regard to their susceptibility to organophosphorus and carbamate insecticides.

Literatur

ADAMS, D. H.; THOMPSON, R. H. S.: Biochem. J. 42 (1948), S. 170–175 Zit. bei KOELLE, G. B.: Handbuch der exp. Pharmacol., Ergänzungswerk Bd. XV. Berlin 1963.

AUGUSTINSON, K.-B.; AXENFORS, B.; ANDERSSON, I.; ERIKSSON, H.: Arylesterase and acetylcholinesterase in the erythrocyte of man, cow and pig. Biochim. Biophys. Acta E 293 (1973), S. 424–433

AYAD, H.; GEORGHIOU, G. P.: Resistance to organophosphates and carbamates in *Anopheles albimanus* based on reduced sensitivity of acetylcholinesterase. J. Econ. Entomol. 68 (1975), S. 295–297

BOYER, A. C.: Sorption of Tetrachlorvinphos insecticide (Gardona) to the hemolymph of *Periplaneta americana*. Pesticide Biochem. Physiol. 5 (1975), S. 135–141

BRICK, I. L.; BRESTKIN, A. B.; MANDELSHTAM, YU. E.; SAZANOVA, I. N.: Substrate and inhibitor specificity of cholinesterases from certain insects. In: COULSTON, F.; KORTE, F.: Environmental quality and safety Pesticides. Suppl. III. 1975

CARTER, M. K.; MADDUX, B.: Interaction of Dichlorvos and anticholinesterases on the *in vitro* inhibition of human blood cholinesterases. Toxicol. Appl. Pharmacol. 27 (1974), S. 456–46

DARLINGTON, W. A.; PARTOS, R. D.; TATTS, N. W.: Correlation of cholinesterase inhibition and toxity in insects and mammals. I. Ethyl-phosphonates. Toxicol. Appl. Pharmacol. 18 (1971), S. 542–553

DEVONSHIRE, A. L.: Studies on the acetylcholinesterase from houseflies (*Musca domestica* L.) resistant and susceptible to organophosphorus insecticides. Biochem. J. 149 (1975), S. 463–475

ELLMAN, G. L.; COURTNEY, K. D.; ANDERS, V.; FEATHERSTONE, R. M: A new and rapid colorimetric determination of acetylchlinesterase activity. Biochem. Pharmacol. 7 (1961), S. 88–95

FUJII, T.; KOMATSU, Y.; MUROFUSHI, M.: Some common characteristics of the acetylcholinesterase of human, bovine and porcine erythrocytes. Chem. Pharmacol. Bull. 19 (1971), S. 2325–2330

GUZMAN-VARON, R.; MONROE, R. J.; GUTHRIE, F. E.: Evaluation of acetylcholinesterase in strains of *Heliothis virescens* with widely differing responses to insecticides. J. Econ. Entomol. 67 (1974), S. 187–189

IWATA, T.; HAMA, H.: Insensitivity of cholinesterase in *Nephotettix cincticeps* resistant to carbamate and organophosphorus insecticides. J. Econ. Entomol. 65 (1972), S. 643–644

LEE, A. H.; METCALF, R. L.: *In vitro* inhibition of acetylcholinesterase by 0,0–Dimethyl–S–aryl–phosphorothiocates. Pesticide Biochem. Physiol. 2 (1973), S. 408–417

LEE, A. H.; SANBORN, J. R.; METCALF, R. L.: Investigations into carbamate insecticide selectivity. II. Differential degradation of selectophores in insect and mammals. Pesticide Biochem. Physiol. 4 (1974), S. 77–85

LEE, R. M.; BATHAM, P.: The activity and organophosphate inhibition of cholinesterase from susceptible and resistant ticks (*Acari*). Entomol. Exp. Appl. 9 (1966), S. 13–24

MACFARLANE, I. W.; PELIKAN, E. W.; UNNA, K. R.: J. Pharmacol. 100 (1950), 382–392. Zit. bei KOELLE, G. B.: Handbuch der exp. Pharmacol., Ergänzungswerk Bd. XV. Berlin 1963.

NOLAN, J.; SCHNITZERLING, H.-J.; SCHUNTNER, C. A.: Multiple forms of acetylcholinesterase from resistant and susceptible strains of the cattle tick, *Boophilus microplus* (Ca.). Pesticide Biochem. Physiol. 2 (1972), S. 85–91

O'BRIEN, R. D.: Insecticides: Action and Metabolism. London, New York, 1967

PEVZNER, D. L.; ROZENGART, V. J.: Sravnitel'noe issledovanie svojstv acetilcholinesterasy eritrocitov u mozga krolika. Biochimija 39 (1974), S. 864–868

PILZ, R.; PFEIFFER, G.; OTTO, D.: Untersuchungen zum Resistenzmechanismus eines Dimethoat-resistenten Spinnmilbenstammes (*Tetranychus urticae* Koch.) Arch. Phytopathol. u. Pflanzenschutz 14 (1978), S. 383–391

SMISSAERT, H. R.: Cholinesterase inhibition in spider mites susceptible and resistant to organophosphate. Science 143 (1964), S. 129–131

SMITH, C. M.; COHEN, S. L.; PELIKAN, E. W.; UNNA, K. R.: J. Pharmacol. 105 (1952), 391–399. Zit. bei KOELLE, G. B.: Handbuch der exp. Pharmacol., Ergänzungswerk Bd. XV. Berlin 1963

TRIPATHI, R. K.; O'BRIEN, R. D.: Insensitivity of acetylcholinesterase as a factor in resistance of housefly to the organophosphate Rabon. Pesticide Biochem. Physiol. 3 (1973), S. 495–498

VARELA, J. M.: Kinetic characterization of acetylcholinesterase of muscle and rat brain. Experientia 29 (1973), S. 1347–1349

ZAHAVI, M.; TAHORI, A. S.; KLIMER, F.: Insensitivity of acetylcholinesterase to OP-compounds as related to size of esteratic site. Molecular Pharmacol. 7 (1971), 611–619

Anschrift des Verfassers:

Dr. R. PILZ
Institut für Pflanzenschutzforschung Kleinmachnow
der AdL der DDR

1532 Kleinmachnow
Stahnsdorfer Damm 81

Arch. Phytopathol. u. Pflanzenschutz, Berlin 16 (1980) 1, S. 59–71

Institut für Phytopathologie Aschersleben
der Akademie der Landwirtschaftswissenschaften
der Deutschen Demokratischen Republik

HANS WOLFFGANG und BURGLINDE MEISTER

Untersuchungen über Beziehungen zwischen Gelbrostresistenz von Gerste, Membranpermeabilität und Temperatur

Eingegangen: 14. 6. 1979

1. Einleitung

Die Reaktion von Gerstenpflanzen auf Infektion mit *Puccinia striiformis* West. wird stark von der Temperatur beeinflußt. Bei höheren Temperaturen verringert sich im allgemeinen die Anfälligkeit von Pflanzen, die bei tieferen Temperaturen anfällig sind. Es gibt allerdings zahlreiche Ausnahmen von dieser Regel (HASSEBRAUK, 1970). Die Ursachen für diese epidemiologisch wichtige Tatsache sind unbekannt. Sie können in der Temperaturabhängigkeit der Keimfähigkeit der Uredosporen liegen, sie können aber auch in physiologischen Erscheinungen der Wirtspflanze begründet sein. Da Unterschiede zwischen anfälligen und resistenten Pflanzen sich erst bemerkbar machen, wenn der Pilz beginnt, Haustorien zu bilden, ist anzunehmen, daß in dieser Phase die Entscheidung darüber fällt, wie die Pflanze auf die Infektion reagiert. Die Haustorienbildung beginnt, nachdem der Pilz die Zellwand durchbrochen hat und mit der äußersten Plasmagrenzschicht der Wirtszelle in Kontakt kommt. Dadurch werden offenbar Vorgänge eingeleitet, die entweder zu Abwehrreaktionen der Pflanze oder bis zur Vollendung des Infektionsvorganges mit der Fruktifikation des Pathogens führen (ALBERSHEIM und ANDERSON-PROUTY, 1975; SCOTT, 1972). Die Plasmamembran der Wirtszelle ist dabei von besonderer Bedeutung: Sie besitzt spezifische Strukturen (LOOR, 1976; NAGATA und MELCHERS, 1978), von denen angenommen wird, daß sie das Pathogen als fremden Organismus erkennen können, worauf Abwehrreaktionen eingeleitet werden (PALMERLEY und CALLOW, 1978; ASHWELL und MORELL, 1977). Wird das Pathogen nicht als fremder Organismus erkannt, unterbleiben Abwehrreaktionen. Alle Substanzen, die das Pathogen benötigt, müssen die Plasmamembran der Wirtszelle passieren. Es ist möglich, daß das Pathogen ihre Permeabilität beeinflußt und daß Art und Stärke dieser Veränderungen für den Verlauf der Infektion in der Pflanze — und indirekt in der Population — wichtig sind (MENDGEN, 1977). Die Permeabilität der Wirtszellmembranen hängt aber auch von der Temperatur ab (WRIGHT, 1974; PETIT und EDIDIN, 1974; RAISON und CHAPMAN, 1976; RAO u. a., 1977; GERBER, 1977; YARWOOD, 1977). Mit der vorliegenden Arbeit sollte geprüft werden, ob Beziehungen zwischen der Temperatur, der Zeit und der Membranpermeabilität sowie der Resistenz bestehen und wie eng und welcher Art diese Beziehungen sind.

2. Material und Methoden

Die Untersuchungen enthielten folgende orthogonalen Faktoren und Abstufungen:

	Prüffaktoren	Abstufungen
A	Sorten:	'Japan 1' (resistent gegen Gelbrost) 'Stotz's Salemer' (anfällig) 'Xenia' (stark anfällig)
B	Temperatur (°C):	14, 18$^+$, 22$^+$, 26, 30$^+$
C	Zeit (Tage nach der Infektion, dpi):	0, 3, 5, 7, 10, 14, 19, 24, 28
D	Infektion:	Kontrolle (Talkum) Uredosporen von *Puccinia striiformis* West. Rasse 24

Die Versuche wurden mit zwei Wiederholungen durchgeführt, die mit $^+$ gekennzeichneten Varianten wurden dreimal wiederholt.

Prüfmerkmale: Membranpermeabilität der Zelle
Befallsbonituren (SCHMIEDEKNECHT u. a., 1976)

Das mit Milstem gegen Mehltau gebeizte Saatgut wurde in flachen Blechwannen mit Sand wie beschrieben (WOLFFGANG, 1976) in Reihen mit 7 bis 8 cm Abstand ausgelegt. Einmal in der Woche wurde mit Nährlösung (0,5 g Harnstoff, 0,5 g K_2HPO_4, 5 Tropfen 5%ige $FeCl_3$-Lösung je Liter Leitungswasser), sonst nach Bedarf mit Leitungswasser gegossen. Die ersten vier Tage nach der Aussaat standen die Wannen in einem Gewächshausverbinder. Dann wurden sie in Klimazellen mit 70% relativer Luftfeuchte und 16 h lang Mischlicht von etwa 1500 lx übergeführt. 10 bis 11 Tage nach der Aussaat wurde das erste Blatt mit einem Gemisch von Uredosporen von *P. striiformis* Rasse 24 mit der gleichen Menge Talkum mit einem Pinsel infiziert. Die Kontrollpflanzen wurden nur mit Talkum gepinselt. Dann wurden die Pflanzen mit einem feinen Wassernebel besprüht und für 3 Tage mit lichtdurchlässigen Hauben überdeckt, die mit feuchtem Fließpapier ausgelegt waren. Zwei Wochen nach der Infektion beginnend, wurde bis zu 28 Tagen nach der Infektion (dpi) mehrmals der Befallsverlauf bonitiert (SCHMIEDEKNECHT u. a., 1976). Zur Bestimmung der Membranpermeabilität der Zellen (hinfort: Permeabilität) wurden die infizierten und Kontrollblätter mit einem Schneidegerät in 2 cm lange Blattstückchen zerschnitten. Blattspitze und Blattbasis wurden verworfen. Jeweils 3 Proben zu 1,5 g wurden mit je 30 ml Wasser in Erlenmeyerkölbchen viermal 15 Minuten lang mit Pausen von 10 Minuten geschüttelt. Die Schüttelmaschinen standen in den Klimaräumen, in denen die Pflanzen gehalten wurden. Die Blattstückchen wurden also bei der Temperatur eluiert, bei der auch die betreffenden Pflanzen gehalten worden waren. Anschließend wurde durch trockene weiche Filter filtriert, das Filtrat 20 Minuten bei 2240 g zentrifugiert und im Überstand die Leitfähigkeit in einer Leitfähigkeitsmeßzelle LMT 0,3 mit einer Widerstandsmeßbrücke gemessen.

Zur Untersuchung der Abhängigkeiten zwischen den Einflußgrößen und dem Prüfmerkmal erfolgen varianzanalytische Berechnungen mit anschließendem multiplen Mittelwertvergleich. Zur Ermittlung von Aussagen über den Grad der Abhängigkeit und die Art der Zusammenhänge werden Korrelations- und Regressionskoeffizienten berechnet. Die zweifaktoriellen quadratischen Regressionsfunktionen werden nach dem Modell

$$y = a + b_{11}T + b_{12}T^2 + b_{21}Z + b_{22}Z^2$$

geschätzt. Die Berechnung erfolgt mit schrittweiser Reduktion der b_{ij} mit dem jeweils kleinsten nicht signifikanten t-Prüfwert ($\alpha = 5\%$).

3. Ergebnisse

3.1. Ergebnisse zum Befallsverlauf

Das Produkt aus Boniturwert und Häufigkeit kann Werte zwischen 600 für sehr anfällige Pflanzen und 100 für sehr resistente Pflanzen annehmen.
Die vorliegenden Befallswerte zeigen eine deutliche Abhängigkeit von Sorte, Temperatur und Meßzeitpunkt (vergl. Tab. 1, 2 und die einfachen Korrelationskoeffizienten Tab. 3). Das signifikant unterschiedliche Niveau der Befallsgrade bei 18 °C widerspiegelt die eingangs getroffene Einstufung in resistent und anfällig (Tab. 2). Mit steigender Temperatur sinkt die Anfälligkeit der beiden anfälligen Sorten (Abb. 1), sie werden zunehmend resistenter. Der Einfluß der Temperatur auf die Resistenz der Sorte 'Japan 1' ist gering. Sie nimmt nicht wie bei den beiden anfälligen Sorten zu, sondern zeigt eine Variabilität innerhalb des Fehlerbereiches (Tab. 2), der entsprechende Korrelationskoeffizient wird null (Tab. 3).
Die nach der Reduktion vorliegenden Funktionen zur Beschreibung der Abhängigkeiten beim Merkmal Resistenzgrade (Abb. 1) zeigen die unterschiedliche Reaktion

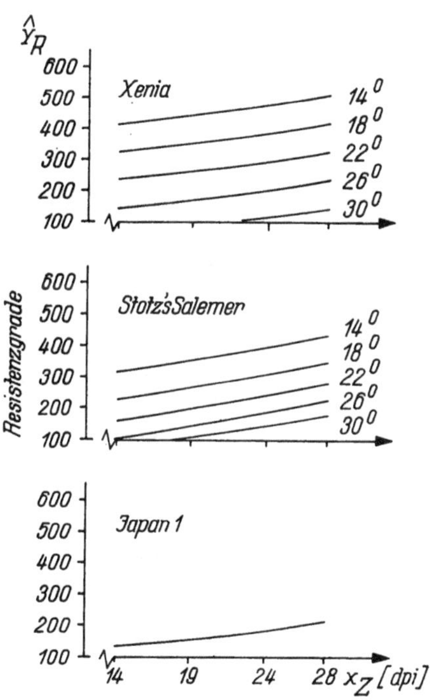

Abb. 1: Abhängigkeit der Resistenzgrade von Temperatur und dem zeitlichen Verlauf der Infektion

$\hat{y}_{\text{'Xenia'}} = 649{,}60 - 22{,}805T + 6{,}2519Z \qquad B = 0{,}80^+$

$\hat{y}_{\text{'Stotz's Salemer'}} = 606{,}22 - 36{,}083T + 0{,}46361T^2 + 8{,}6552Z \qquad B = 0{,}85^+$

$\hat{y}_{\text{'Japan 1'}} = 166{,}30 + 0{,}1442Z^2 \qquad B = 0{,}33^+$

Tabelle 1
Ergebnisse des F-Tests der Varianzanalyse für das Merkmal Befallsgrade

Variationsursache	FG	F_{ber}	F_{Tafel} (α = 5%)
Wiederholungen	2	$3{,}90^{+}$	3,13
Sorte	2	$35{,}65^{+}$	3,13
Temperatur	2	$129{,}72^{+}$	3,13
Zeit	3	$22{,}74^{+}$	2,74
Sorte × Temperatur	4	$51{,}82^{+}$	2,51
Sorte × Zeit	6	1,02	2,22
Temperatur × Zeit	6	0,95	2,22
Sorte × Temperatur × Zeit	12	0,81	1,89

$s_R = \sqrt{1987{,}6} = 44{,}58$

Tabelle 2
Mittelwerte der Resistenzgrade je Sorte und Temperaturstufe

	'Xenia'	'Stotz's Salemer'	'Japan 1'
18 °C	454,17	330,50	166,33
22 °C	239,00	193,42	193,09
30 °C	124,67	131,08	195,00

GD_{Tukey} (5%, 3,70) = 43,45
$GD_{t\text{-}Test}$ (5%, 70) = 36,30

Tabelle 3
Einfache Korrelationskoeffizienten zwischen den Ziel- und Einflußgrößen

	Zeit	Permeabilität gesunder Pflanzen	Permeabilität kranker Pflanzen	Resistenzgrade
'Xenia'				
Temperatur	−0,02	$0{,}76^{+}$	$0{,}60^{+}$	$-0{,}87^{+}$
Zeit	1,00	$0{,}40^{+}$	$0{,}63^{+}$	0,23
Perm. ges. Pflanzen		1,00	$0{,}84^{+}$	X
Perm. krank. Pflanzen			1,00	$-0{,}48^{+}$
'Stotz's Salemer'				
Temperatur	−0,02	$0{,}78^{+}$	$0{,}59^{+}$	$-0{,}81^{+}$
Zeit	1,00	$0{,}30^{+}$	$0{,}62^{+}$	$0{,}43^{+}$
Perm. ges. Pflanzen		1,00	$0{,}68^{+}$	X
Perm. krank. Pflanzen			1,00	$-0{,}28^{+}$
'Japan 1'				
Temperatur	0	$0{,}78^{+}$	$0{,}76^{+}$	0
Zeit	1,00	$0{,}36^{+}$	$0{,}42^{+}$	$0{,}57^{+}$
Perm. ges. Pflanzen		1,00	$0{,}94^{+}$	X
Perm. krank. Pflanzen			1,00	$0{,}35^{+}$

$^{+}$ = signifikante Korrelationskoeffizienten bei α = 5%

der Sorten auf Temperaturen im Verlaufe der Untersuchungsperiode. Die Resistenzgrade verändern sich stärker in Abhängigkeit von den Temperaturen als in Abhängigkeit von der Zeit. Bei Erhöhung der Temperatur von 14 auf 30 °C fallen die Resistenzgrade bei

'Xenia' um 364,88
'Stotz's Salemer' um 250,94 (das Minimum liegt außerhalb des Meßbereiches).

Bei der Sorte 'Japan 1' wurden die Funktionsglieder zur Beschreibung des Temperatureinflusses reduziert.
Im Verlaufe der Untersuchungsperiode von 14 bis 28 dpi steigen die Resistenzgrade bei

'Xenia' um 87,52
'Stotz's Salemer' um 121,18
'Japan 1' um 84,78.

3.2. Ergebnisse zur Permeabilität

Die signifikanten Haupt- und Wechselwirkungen der Varianzanalyse zeigen, daß die Permeabilität durch die ausgewählten Faktoren wesentlich beeinflußt wird (Tab. 4).

Tabelle 4
Ergebnisse des F-Tests der Varianzanalyse für das Merkmal Permeabilität

Variationsursache	FG	F_{ber}	$F_{Tafel(\alpha = 5\,\%)}$
Wiederholungen	2	23,48^{+}	3,07
Sorte (S)	2	71,88^{+}	3,07
Temperatur (T)	2	659,13^{+}	3,07
Zeit (Z)	3	63,48^{+}	2,68
Infektion (I)	1	44,88^{+}	3,90
Sorte × T	4	14,33^{+}	2,43
S × Z	6	0,37	2,15
S × I	2	0,60	3,07
T × Z	6	1,02	2,15
T × I	2	4,99^{+}	3,07
Z × I	3	9,37^{+}	2,68
S × T × Z	12	1,69	1,82
S × T × I	4	6,11^{+}	2,43
S × Z × I	6	0,40	2,15
T × Z × I	6	1,45	2,15
S × T × Z × I	12	1,61	1,82

$s_R = \sqrt{0{,}0011543} = 0{,}03397$

Mit steigenden Temperaturen und zunehmendem Alter steigt die Permeabilität bei gesunden und infizierten Pflanzen, wobei die Zunahme bei den infizierten stärker ist als bei den nicht infizierten. Aus dem Mittelwertvergleich (Tab. 5) gesunder und infizierter Pflanzen wird deutlich, daß sich diese Varianten bei den beiden anfälligen Sorten nur auf der Stufe 18 °C unterscheiden, während sie bei der resistenten Sorte bei 18 °C unwesentliche und bei 22 und 30 °C gesicherte Unterschiede zeigen. Die Zunahmen werden mit dem Alter der Pflanzen — und der Infektion — um so größer, je erfolgreicher die Infektion verläuft (Abb. 2). Die leichte Erhöhung

Tabelle 5
Mittelwerte der Permeabilität je Sorte und Temperaturstufe für gesunde und infizierte Pflanzen

	'Xenia'		'Japan 1'		'Stotz's Salemer'	
	gesund	infiziert	gesund	infiziert	gesund	infiziert
18 °C	0,1041	0,1983	**0,1068**	**0,1170**	0,0769	0,1199
22 °C	**0,1383**	**0,1643**	0,1583	0,1967	**0,1016**	**0,1282**
30 °C	**0,3314**	**0,3238**	0,3354	0,3765	**0,2454**	**0,2518**

GD_{Tukey} (5%, 3, 142) = 0,0327 (Sorten- und Temperaturvergleich)
$GD_{t\text{-}Test}$ (5%, 142) = 0,0274 (Vergleich gesund/infiziert)
s. o.

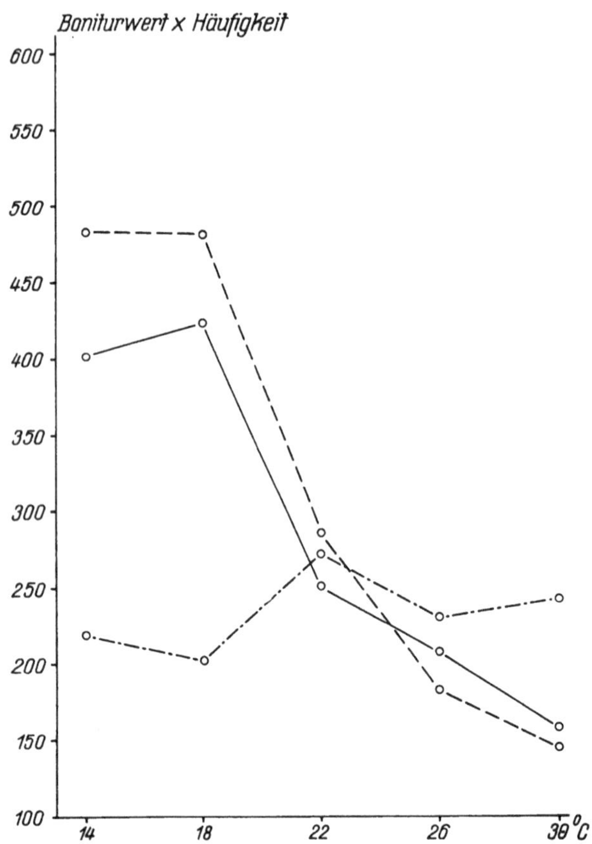

Abb. 2: Einfluß der Temperatur auf den Befallsverlauf. 28 Tage nach Infektion (dpi), Mittelwerte aus 3 Wiederholungen.
Abszisse: Temperatur
Ordinate: Boniturwert × Häufigkeit
'Japan 1' (resistent) O –.–.– O
'Stotz's Salemer' (anfällig) O —— O
'Xenia' (sehr anfällig) O - - - O

der Permeabilität in infizierten Blättern der resistenten Sorte 'Japan 1' vor allem gegen das Ende der Beobachtungszeit und bei mittleren Temperaturen deutet darauf hin, daß die Infektion lange auf die Permeabilität nachwirkt oder daß es dem Pathogen auch hier gelang, zu überleben.

Die quantitativen Beziehungen aus den reduzierten Funktionsansätzen (Abb. 3, Tab. 6) zeigen, daß die Permeabilität in Abhängigkeit von der Zeit linear und in Abhängigkeit von der Temperatur progressiv zunimmt. Wegen der besseren Übersichtlichkeit sind die zusammenfassenden Funktionen über die zwei bzw. drei Wiederholungen aufgeführt und nur die Varianten bei 14 und 30 °C eingezeichnet. Die Bestimmtheitsmaße der je Wiederholung berechneten Funktionen liegen höher. Die Minima der Funktionen zeigen, daß die Permeabilität am niedrigsten bei Temperaturen zwischen 13 und 16 °C ist. Der Änderungsbetrag der Permeabilität insgesamt in Abhängigkeit von der Temperatur ($\hat{y}_F(T)$) und von der Zeit ($\hat{y}_F(Z)$) über den Meßbereich macht bei den gesunden Varianten der beiden resistenten Sorten deutlich, daß die Zunahme wesentlich durch die Temperatur und zu einem geringeren Teil durch die Zeit verursacht wird. Bei den infizierten Pflanzen gewinnt die zeitliche

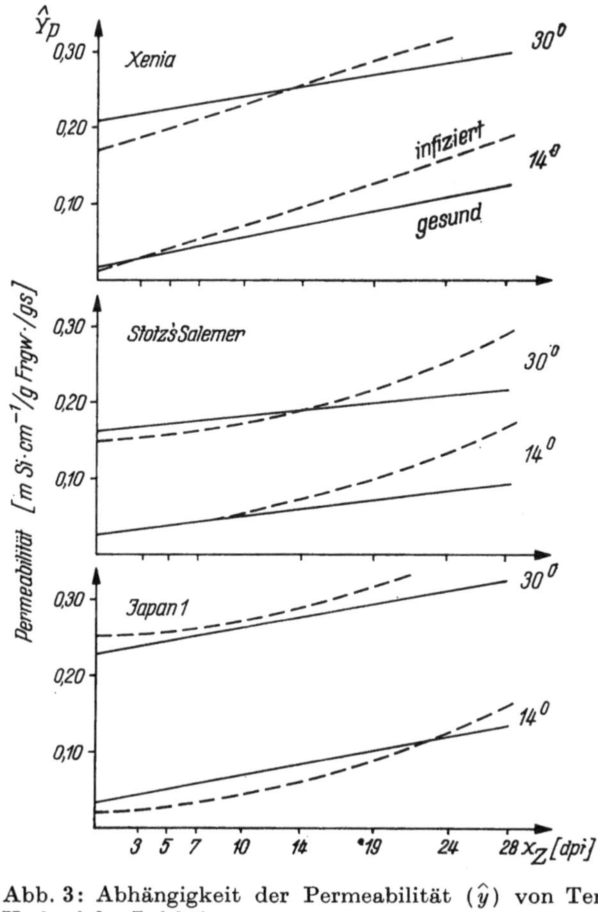

Abb. 3: Abhängigkeit der Permeabilität ($\hat{y}$) von Temperatur und zeitlichem Verlauf der Infektion

Veränderung der Permeabilität an Bedeutung. Die Permeabilität der resistenten Sorte 'Japan 1' wird bei gesunden wie auch bei den resistenten Pflanzen hauptsächlich durch die Temperatur beeinflußt, wobei durch die Infektion ein wesentlich höherer Betrag erreicht wird.

3.3. Beziehungen zwischen der Permeabilität und dem Befallsverlauf

Aufgrund der engen funktionalen Beziehung zwischen der Permeabilität der gesunden und der kranken Pflanzen (Tab. 3, Abb. 4) wurde angenommen, daß durch die Messung der Permeabilität der kranken Pflanzen auch auf die Anfälligkeit (Befallsgrade) geschlossen werden kann. Für die lineare Abhängigkeit der Resistenzgrade (y) von der Permeabilität (x) der kranken Pflanzen liegen folgende Bestimmtheitsmaße vor:

'Xenia'	$B = 0{,}23^+$
'Stotz's Salemer'	$B = 0{,}08$
'Japan 1'	$B = 0{,}13^+$

Das bedeutet, daß z. B. bei der Sorte 'Xenia' durch die Permeabilität der Pflanzen 23% der Variabilität der Resistenzgrade erklärt werden. Für eine eindeutige Schätzung der Resistenzgrade aus den gemessenen x-Werten ist dieser Zusammenhang ungenügend.

3.4. Beziehungen zwischen Temperatur, Permeabilität und Befallsverlauf

Bei den anfälligen Sorten 'Xenia' und 'Stotz's Salemer' besteht eine deutliche Beziehung zwischen Temperatur und Befallsverlauf; mit steigender Temperatur nimmt

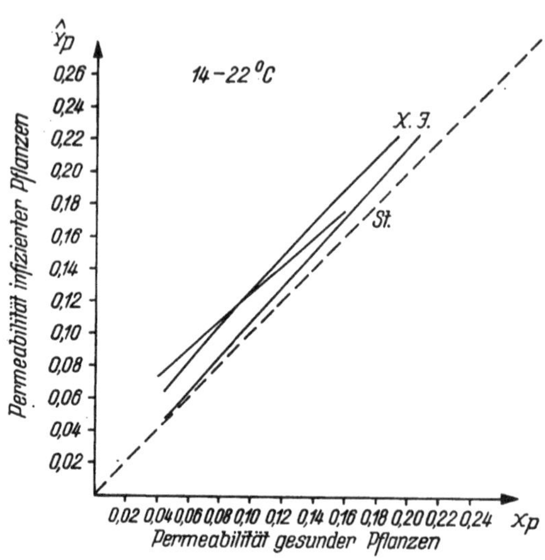

Abb. 4: Funktionale Beziehung zwischen der Permeabilität gesunder und infizierter Pflanzen

$\hat{y}_{\text{'Japan 1'}} = -0{,}004326 + 1{,}1092x \qquad B = 0{,}88^+$

$\hat{y}_{\text{'Xenia'}} = 0{,}002780 + 1{,}3526x - 1{,}1304x^2 \qquad B = 0{,}73^+$

$\hat{y}_{\text{'Stotz's Salemer'}} = 0{,}039994 + 0{,}8374x \qquad B = 0{,}46^+$

Tabelle 6
Regressionsfunktionen zur Beschreibung der Abhängigkeit der Permeabilität (y) von Temperatur ($T = x_1$) und zeitlichem Verlauf der Infektion ($Z = x_2$)
$y = a + b_{11}T + b_{12}T^2 + b_{21}Z + b_{22}Z^2$

Sorte	Infektion	a	b_{11}	b_{12}	b_{21}	b_{22}	B	T_{Min}	$\hat{y}_F(T)$	$\hat{y}_{F(Z)}$
'Xenia'	gesund	0,1920	−0,0229	0,000787	0,003765	—	0,80+	14,55	0,1875	0,1054
	infiziert	−0,0350	—	0,000229	0,006416	—	0,78+	—	0,1610	0,1796
'Stotz's Salemer'	gesund	0,1885	−0,0206	0,000661	0,002182	—	0,81+	15,58	0,1351	0,0611
	infiziert	0,1313	−0,0138	0,000486	—	0,006416	0,80+	14,20	0,1216	0,1400
'Japan 1'	gesund	0,1342	−0,0160	0,000641	0,003624	—	0,77+	12,48	0,1957	0,1015
	infiziert	−0,0415	—	0,000331	—	0,000177	0,78+	—	0,2330	0,1387

+ Signifikanz bei $\alpha = 5\%$

Tabelle 7
Permeabilitäten der infizierten Blätter in Prozent der von nicht infizierten Blättern

	'Xenia'					'Stotz's Salemer'					'Japan 1'				
dpi	14 °C	18 °C	22 °C	26 °C	30 °C	14 °C	18 °C	22 °C	26 °C	30 °C	14 °C	18 °C	22 °C	26 °C	30 °C
0	100	100	100	100	100	100	100	100	100	100	100	100	100	100	100
3	123	103	106	107	87	101	113	112	112	94	107	111	85	126	108
5	117	110	108	117	96	96	107	101	121	97	96	104	101	105	119
7	123	105	114	116	114	117	112	104	112	82	96	111	104	106	111
10	118	108	109	121	83	118	122	107	118	91	100	106	112	113	107
14	129	116	113	141	86	125	119	99	127	88	97	101	117	98	109
19	138	145	116	156	106	166	114	108	158	98	92	100	106	96	111
24	159	207	125	150	113	183	156	140	158	118	93	116	142	108	103
28	161	277	122	129	90	234	225	149	176	1177	112	121	135	134	129

die Stärke des Befalles ab, die Pflanzen werden resistenter (ab 18 °C). Auch die Beziehung zwischen Temperatur und der Permeabilität der infizierten Pflanzen ist deutlich: Sie nimmt bei allen untersuchten Sorten, also auch bei der resistenten 'Japan 1', mit steigender Temperatur zu (Abb. 5).

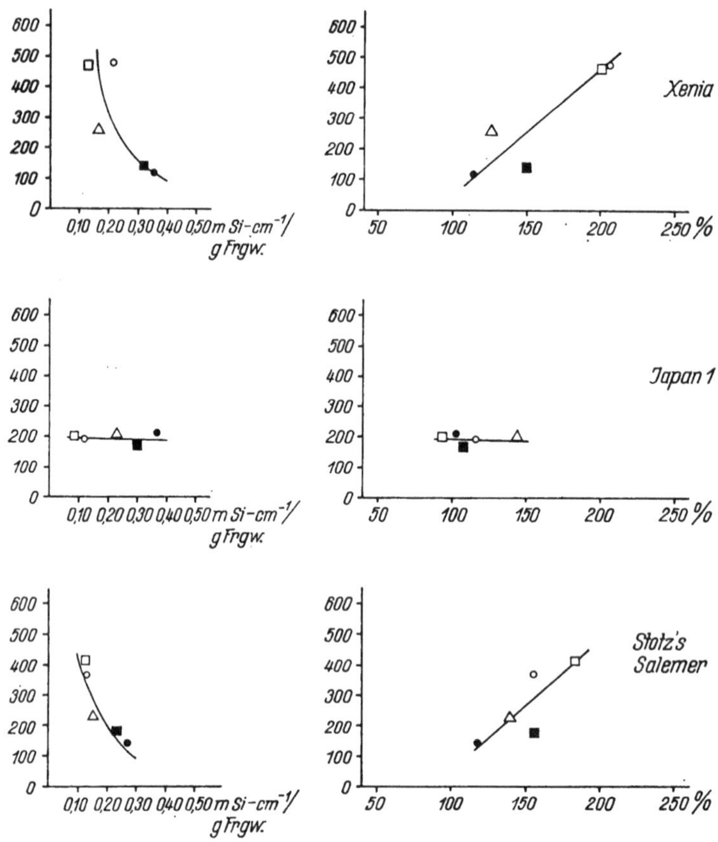

Abb. 5: Beziehungen zwischen Temperatur, Permeabilität und Befallsverlauf. 24 Tage nach Infektion, Mittelwerte aus 3 Wiederholungen.

Ordinate: Boniturwert × Häufigkeit

Abszisse: linke Spalte Permeabilität infizierter Pflanzen, als Leitfähigkeit/ Frischgewicht in m Si · $cm^{-1} \cdot g^{-1}$ Frischgewicht, rechte Spalte Permeabilität infizierter Pflanzen in Prozent von der nicht infizierter Pflanzen.

14 °C □
18 °C ○
22 °C △
26 °C ■
30 °C ●

4. Diskussion der Ergebnisse

Mit steigender Temperatur verringert sich die Anfälligkeit der beiden anfälligen Sorten, sie werden schließlich resistenter als die resistente Sorte 'Japan 1'. Die Permeabilität nimmt aber stetig mit der Temperatur und dem Alter der Pflanzen zu. Es ist unwahrscheinlich, daß die Permeabilität zur Zeit der Infektion darüber entscheidet, ob die Pflanze anfällig oder resistent reagiert. Wäre das der Fall, müßten die Permeabilitäten mit zunehmender Anfälligkeit zu- oder abnehmen. Das geschieht nicht. Abbildung 6 links oben zeigt, daß bei allen Temperaturen die Permeabilitäten von 'Stotz's Salemer' über 'Xenia' nach 'Japan 1' zunehmen. Die Höhe der Zunahme

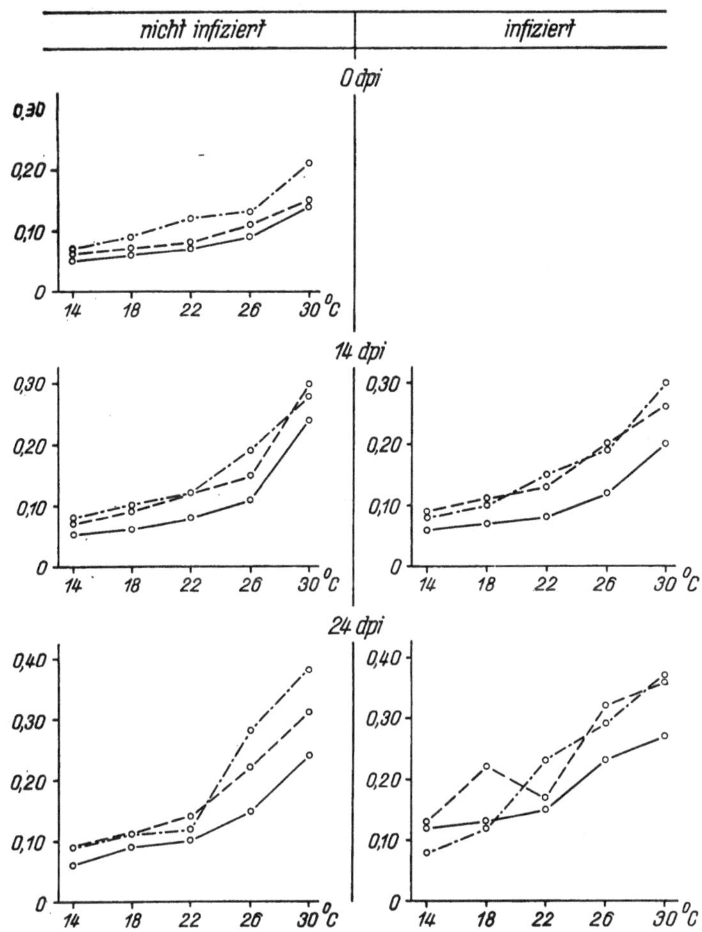

Abb. 6: Einfluß der Temperatur auf die Permeabilität.

Mittelwerte aus 3 Wiederholungen.

Abszisse: Temperatur
Ordinate: Leitfähigkeit/Frischgewicht in m Si • $cm^{-1} \cdot g^{-1}$ Frischgewicht
Symbole für Sorten wie in Abbildung 2.

der Permeabilität nach der Infektion hängt davon ab, wie dem Pathogen die Infektion gelingt bzw. davon, wie resistent oder anfällig die Pflanze reagiert. Je besser die Infektion gelingt, um so stärker nimmt die Permeabilität zu. Dieser Effekt addiert sich zu den Wirkungen der Temperatur und des Alters der Pflanzen. Daraus kann geschlossen werden, daß die Zunahme der Permeabilität eine Folge der durch die Temperatur begünstigten gelungenen Infektion darstellt. Da anfällige Reaktionen der Pflanze immer mit Permeabilitätserhöhungen einhergehen, muß angenommen werden, daß Permeabilitätserhöhungen für die Anfälligkeit unentbehrlich sind. Daß auch bei resistenter Reaktion noch lange nach der Infektion, wenn auch schwache, Permeabilitätserhöhungen (Tab. 7) zu beobachten sind, spricht dafür, daß auch Infektionen, die abortiert sind oder doch nicht zur Sporulation geführt haben, langdauernde Wirkungen im Wirt entfalten können. Die verhältnismäßig geringen Zunahmen der Permeabilität kurz nach der Infektion beruhen wahrscheinlich darauf, daß der Pilz erst mit einer verhältnismäßig kleinen Zahl von Wirtszellen Kontakt aufgenommen hat. Je mehr Wirtszellen vom Pathogen beeinflußt werden, um so stärker ist dann auch die Zunahme der Permeabilität. Diese dürfte für das Pathogen insofern wichtig sein, als sie ihm den Zugang zu wichtigen Stoffwechselprodukten des Wirtes erleichtert. Ungeklärt bleibt die Frage, wie das Pathogen die Permeabilität der Zellen des Wirtes erhöht. Das könnte über Einflüsse auf die Glykoproteidkomponenten, die Lipopolysaccharide oder die Lipidkomponenten der Wirtszell-Membranen geschehen.

5. Zusammenfassung

Die Permeabilität der Zellen von Gerstenpflanzen nimmt mit der Temperatur und dem Alter zu. Bei anfälligen Gerstenpflanzen sinkt deren Anfälligkeit mit Temperaturen über 18 °C, die von der resistenten Sorte 'Japan 1' nimmt eher etwas zu. Nach der Infektion nimmt die Permeabilität zu. Permeabilitätsunterschiede sind nicht Ursachen für Anfälligkeit oder Resistenz, sondern Folgen der Infektion.

Резюме

Название работы: Изучение связи между устойчивостью к желтой ржавчине ячменя, проницаемостью клеток и температурой

Проницаемость клеток растений ячменя повышается с возрастанием температур и с возростом. У восприимчивых растений ячменя снижается восприимчивость с возрастанием температур выше 18 °C, а восприимчивость устойчивого сорта 'Japan 1' скорее немного повышается. После инфекции проницаемость повышается. Различия в проницаемости не являются причиной восприимчивости или устойчивости, а следствием инфекции.

Summary

Title of the paper: Relations between stripe rust resistance of barley, membrane permeability, and temperature

The permeability of barley plant cells rises with increasing temperature and plant age. At temperatures above 18 °C, the susceptibility of susceptible barley plants decreases with increasing temperatures, but the resistant variety 'Japan 1' loses somewhat of its resistance. Permeability increases after infection. Differences in permeability are not the cause of susceptibility or resistance; they are rather effects of infection.

Literatur

ALBERSHEIM, P.; ANDERSON-PROUTY, A. J.: Carbohydrates, proteins, cell surfaces, and the biochemistry of pathogenesis. Ann. Rev. Plant Physiol. 26 (1975), S. 31–52

ASHWELL, G.; MORELL, A. G.: Membrane glycoproteins and recognition phenomena. TIBS, April 1977, S. 76–78

GERBER, M. P.: Effects of high and chilling temperatures on chilling-sensitive and chilling-resistant plants. Pretreament of cucumber and spinach thylakoids *in vivo* and *in vitro*. Plant Physiol. 59 (1977), S. 981–985

HASSEBRAUK, K.: Der Gelbrost *Puccinia striiformis* West. II. Befallsbild. Morphologie und Biologie der Sporen. Infektion und weitere Entwicklung. Wirkungen auf die Wirtspflanze. Mitt. Biol. Bundesanst. Berlin-Dahlem. 139 (1970), S. 1–111

LOOR, F.: Coll surface design. Nature 264 (1976), S. 272–273

MENDGEN, K.: Reduced lysine uptake by bean rust haustoria in a resistant reaction. Naturwissenschaften 64 (1977), S. 438

NAGATA, T.; MELCHERS, G.: Surface charge of protoplasts and their significance in cell-cell interaction. Planta 142 (1978), S. 235–238

PALMERLEY, R. A.; CALLOW, J. A.: Common antigens in extracts of *Phytophthora infestans* and potatoes. Physiol. Plant Path. 12 (1978), S. 141–248

PETIT, V. A.; EDIDIN, M.: Lateral phase separation of lipids in plasma membranes: Effect of temperature on the mobility of membrane antigens. Science 184 (1974), S. 1183 bis 1185

RAISON, J. K.; CHAPMAN, E. A.: Membrane phase changes in chilling-sensitive *Vigna radiata* and their significance to growth. Aust. J. Plant Physiol. 9 (1976), S. 291–299

RAO, V. S. K.; BRAND, J. J.; MYERS, J.: Cold shock syndrome in *Anacystis nidulans*. Plant Physiol. 59 (1977), S. 965–969

SCHMIEDEKNECHT, M.; WOLFFGANG, H.; OPEL, H.: Beurteilung von Gerste auf Gelbrostresistenz. Arch. Phytopathol. u. Pflanzenschutz 12 (1976), S. 253–259

SCOTT, K. J.: Obligate parasitism by phytopathogenic fungi. Biol. Rev. 47 (1972), S. 537 bis 572

WOLFFGANG, H.: Beziehungen zwischen Stickstoff- und Kohlenhydratgehalt und der Gelbrostresistenz von Gerste. Arch. Phytopathol. u. Pflanzenschutz 12 (1976), S. 423–434

WRIGHT, M.: The effect of chilling on etylene production, membrane permeability and water loss of leaves of *Phaseolus vulgaris*. Planta 120 (1974), S. 63–69

YARWOOD, C. E.: Sensitisation of leaves and pathogens to cold. Phytopathology 67 (1977), S. 855–858

Anschrift der Verfasser:

Dr. H. WOLFFGANG

Dr. B. MEISTER

Institut für Phytopathologie Aschersleben
der AdL der DDR

4320 Aschersleben
Theodor-Roemer-Weg

Zeitschrift „Archiv für Phytopathologie und Pflanzenschutz"

Herausgeber: Akademie der Landwirtschaftswissenschaften der Deutschen Demokratischen Republik, DDR-1086 Berlin, Krausenstraße 38/39.

Verlag: Akademie-Verlag, DDR-1080 Berlin, Leipziger Straße 3—4; Fernruf: 2236221 und 2236229; Telex-Nr. 114420; Bank: Staatsbank der DDR, Berlin, Kto.-Nr.: 6836-26-20712.

Redaktionelle Bearbeitung und Anschrift der Redaktion: Prof. Dr. Helmut Kleinhempel, Akademie der Landwirtschaftswissenschaften der Deutschen Demokratischen Republik, Institut für Phytopathologie Aschersleben, DDR-4320 Aschersleben, Theodor-Roemer-Weg.

Veröffentlicht unter der Lizenznummer 1521 des Presseamtes beim Vorsitzenden des Ministerrates der Deutschen Demokratischen Republik.

Gesamtherstellung: VEB Druckerei „Thomas Müntzer", 5820 Bad Langensalza.

Erscheinungsweise: Die Zeitschrift „Archiv für Phytopathologie und Pflanzenschutz" erscheint jährlich in einem Band mit 6 Heften. Das letzte Heft eines Bandes enthält Inhalts-, Autoren- und Sachverzeichnis. Bezugspreis eines Bandes 90,— M zuzüglich Versandspesen (Preis für die DDR 30,— M). Preis je Heft 15,— M (Preis für die DDR 5,— M).

Bestellnummer dieses Heftes 1081 16/1.

AN (EDV) 51814

Bezugsmöglichkeiten ·

Bestellungen sind zu richten

- **in der DDR** an den Postzeitungsvertrieb, an eine Buchhandlung oder an den AKADEMIE-VERLAG, DDR-1080 Berlin, Leipziger Str. 3/4
- **im sozialistischen Ausland** an eine Buchhandlung für fremdsprachige Literatur oder an den zuständigen Postzeitungsvertrieb
- **in der BRD und Westberlin** an eine Buchhandlung oder an die Auslieferungsstelle KUNST UND WISSEN, Erich Bieber, D-7000 Stuttgart 1, Wilhelmstr. 4—6
- **in Österreich** an den Globus-Buchvertrieb, 1201 Wien, Höchstädtplatz 3
- **in den übrigen westeuropäischen Ländern** an eine Buchhandlung oder an die Auslieferungsstelle KUNST UND WISSEN, Erich Bieber GmbH, CH-8008 Zürich/Schweiz, Dufourstraße 51
- **im übrigen Ausland** an den Internationalen Buch- und Zeitschriftenhandel; den Buchexport, Volkseigener Außenhandelsbetrieb der Deutschen Demokratischen Republik, DDR-7010 Leipzig, Postfach 160, oder an den AKADEMIE-VERLAG, DDR-1080 Berlin, Leipziger Str. 3/4

Hinweise und Richtlinien für die Autoren

Das „Archiv für Phytopathologie und Pflanzenschutz" publiziert Originalmitteilungen über Ergebnisse und Methoden der Forschung auf den Gebieten der Phytopathologie und des Pflanzenschutzes. Durch einen hohen Informationsgehalt haben die publizierten Arbeiten einen Beitrag zur Steigerung der Effektivität von Forschung und Entwicklung sowie zur Vermittlung neuer wissenschaftlicher Ergebnisse an die sozialistische Landwirtschaft zu leisten.

Auf gedrängte Darstellungsform ist zu achten. Eine Darstellung der Ergebnisse in mehreren Mitteilungen ist nur ausnahmsweise möglich. In der Regel werden nur abgeschlossene Untersuchungen veröffentlicht. Besonders bedeutungsvolle Teilergebnisse können als kurze Mitteilung erscheinen. Übersichtsbeiträge werden nur ausnahmsweise und nach Anforderung abgedruckt.

1. Inhaltliche Gestaltung der Manuskripte

Zur besseren Übersichtlichkeit der Beiträge wird folgender Aufbau empfohlen.

Die Einleitung ist so kurz wie möglich zu halten und hat sich nur auf die Problematik der Arbeit zu beschränken. Nur die neueste und wichtigste Literatur ist heranzuziehen.

Über Material und Methoden ist eine kurze Übersicht, evtl. in Tabellenform, angebracht, sofern es sich nicht um neu entwickelte oder modifizierte Methoden handelt. Von einer Beschreibung bereits bekannter Verfahren ist unbedingt abzusehen. Die Darstellung dieses Abschnittes muß trotz aller Kürze dem Leser die genaue Beurteilung der Ergebnisse ermöglichen.

Die wichtigsten Ergebnisse sind in Form von übersichtlichen Tabellen oder graphischen Darstellungen mitzuteilen. Eine doppelte Darstellung als Tabelle und zugleich Abbildung ist unzulässig. Es ist zu vermeiden, die Angaben aus den Tabellen und Darstellungen in Worten nochmals in den Text einzubeziehen. Der Text in diesem Abschnitt hat sich nur auf das zum Verständnis der angeführten Ergebnisse sowie der daraus herzuleitenden Zusammenhänge Notwendige zu beziehen.

Die Diskussion der Ergebnisse muß auf der neuesten einschlägigen Literatur beruhen und zu klaren Schlußfolgerungen führen. Hinweise auf die weitere Entwicklung der Arbeit sowie Schlußfolgerungen für Forschung und Praxis erhöhen den Informationswert des Beitrages.

Die Zusammenfassung hat sich auf die Wiedergabe der wichtigsten Ergebnisse mit den daraus gezogenen Schlußfolgerungen zu beschränken und ist so zu formulieren, daß sie als Referat in Dokumentationsorgane übernommen werden kann.

2. Technische Gestaltung der Manuskripte und Veröffentlichungsbedingungen

Die Manuskripte sind zweifach an die Schriftleitung – DDR-4320 Aschersleben, Theodor-Roemer-Weg – zu senden.

Die Schriftleitung nimmt nur Manuskripte an, deren Gesamtumfang 12 Schreibmaschinenseiten (Normal-Typen), einschl. Tabellen, Abbildungen und Literaturverzeichnis, nicht überschreitet. (Manuskriptgestaltung nach TGL 6710).

Die Arbeit darf noch nicht, auch nicht in anderer Form, im In- oder Ausland veröffentlicht worden sein.

Der Kopf des Manuskriptes enthält in der genannten Reihenfolge

Entstehungsort (Institution)
Vor- und Zunamen des Autors (der Autoren)
Titel der Arbeit

Für die Gliederung des Textes gilt TGL 0-1421.

Die Zusammenfassung (nicht länger als 20 Zeilen) ist in deutscher (dreifach) und möglichst auch in russischer und englischer Sprache zur Verfügung zu stellen. Gegebenenfalls wird die Übersetzung von der Redaktion veranlaßt.

Das Literaturverzeichnis ist unter der Überschrift „Literatur" alphabetisch zu ordnen. Für die Zitierweise gelten TGL 20972 und TGL 20969.

Die Abbildungen sollen reproduktionsfähig sein, d. h. Fotos sind möglichst als Hochglanzabzüge zu liefern und zeichnerische Darstellungen mit schwarzer Tusche auf weißem Grund oder Transparentpapier auszuführen (s. TGL 24470). Alle Abbildungen sind fortlaufend zu numerieren. Die Abbildungsunterschriften sind als gesondertes Verzeichnis beizufügen.

Die Tabellen sind mit Überschriften zu versehen und gesondert fortlaufend zu numerieren.

Im Text des Manuskriptes ist zu vermerken, wo die Abbildungen und Tabellen einzuordnen sind.

Formelzeichen sind nach TGL 0-1304, mathematische Zeichen nach TGL 0-1302 zu verwenden. Bei Maßen sind die gesetzlich vorgeschriebenen physikalisch-technischen Einheiten zu benutzen (Gesetzblatt der DDR, Sonderdruck Nr. 289, 15. Dez. 1958).

Am Schluß des Beitrages ist die Anschrift des Verfassers anzugeben.

Die Autoren erhalten Umbruchabzüge zur Korrektur (Korrekturzeichen nach TGL 0-16511) mit befristeter Terminstellung. Bei Nichteinhaltung der Termine erteilt die Redaktion Imprimatur.

Von jeder Arbeit werden unentgeltlich 100 Sonderdrucke geliefert. Das Honorar beträgt 40,– M je Druckbogen einschließlich Abbildungen.

Alle TGL sind zu beziehen durch das Buchhaus Leipzig, Abteilung Standards, DDR-7010 Leipzig, Postfach 140.

www.ingramcontent.com/pod-product-compliance
Lightning Source LLC
LaVergne TN
LVHW081341011026
849161LV00013BB/2978

* 9 7 8 3 1 1 2 6 5 4 6 7 5 *